AF451687

APPEL

A LA PRÉVOYANCE DU GOUVERNEMENT

DES CAPITALISTES

ET DES RENTIERS,

ou

CONSIDÉRATIONS SUR LES MOYENS D'ACCROITRE, DANS LEUR INTÉRÊT ET PAR LEUR CONCOURS, LA PROSPÉRITÉ AGRICOLE DE LA FRANCE.

APPEL

A LA PRÉVOYANCE DU GOUVERNEMENT,

DES CAPITALISTES

ET DES RENTIERS,

ou

CONSIDÉRATIONS SUR LES MOYENS D'ACCROITRE, DANS LEUR INTÉRÈT ET PAR LEUR CONCOURS, LA PROSPÉRITÉ AGRICOLE DE LA FRANCE.

PAR M. DE MARIVAULT,

Chevalier de la Légion-d'Honneur, membre correspondant du Conseil d'agriculture, etc.

> Le capital le plus avantageusement employé par une nation est celui qui féconde l'industrie agricole.
> (SAY , *Économie politique.*)

A PARIS,

CHEZ

Madame HUZARD, Imprimeur-Libraire, rue de l'Éperon, n°. 7 ;
DELAUNAY, Libraire, Palais-Royal ;
BOSSANGE père, Libraire, rue de Richelieu, n°. 60 ;
MONGIE aîné, Libraire, boulevart des Italiens, n°. 10.

1824.

On pourra consulter, pour le détail des calculs sur lesquels reposent nos évaluations, les ouvrages suivans :

De l'Industrie française; par M. le comte CHAPTAL ;

De l'Administration du Commerce et de l'Agriculture; par M. ANTH. COSTAZ;

Mémoires sur les consommations de la ville de Paris; par M. BENOISTON DE CHATEAUNEUF ;

Tableaux statistiques, publiés par les soins de M. le Préfet de la Seine ;

Annales de l'Agriculture française et celles des *Voyages;*

BAERT, *Tableau de la Grande-Bretagne;*

MONTVÉRAN, *Histoire d'Angleterre* (agriculture),

ARTHUR YOUNG, *Arithmétique politique,* etc. , etc

IMPRIMERIE

DE MADAME HUZARD (NÉE VALLAT LA CHAPELLE),
Rue de l'Éperon, n° 7

APPEL

A LA PRÉVOYANCE DU GOUVERNEMENT,

DES CAPITALISTES

ET DES RENTIERS.

OU

CONSIDÉRATIONS SUR LES MOYENS D'ACCROITRE, DANS LEUR INTÉRÊT ET
PAR LEUR CONCOURS, LA PROSPÉRITÉ AGRICOLE DE LA FRANCE

M. le Rapporteur de la Chambre des députés avait fait valoir, comme motif d'adoption de la loi qui devait réduire l'intérêt des rentes payées par l'État, l'avantage immédiat qu'en retirerait l'agriculture.

La discussion lumineuse qui s'est engagée dans les deux Chambres, a démontré que la réduction, telle qu'elle devait s'opérer, n'aurait pas ce résultat.

Son rejet a replacé provisoirement les choses dans l'état où elles étaient avant la proposition ministérielle; mais on peut s'attendre qu'à une époque plus ou moins rapprochée, le gouvernement, mieux éclairé sur les moyens de con-

cilier les intérêts du trésor avec ceux des contribuables et des rentiers, usera du droit qu'a
tout débiteur de se libérer, et en annonçant
à l'avance ses intentions, accordera aux prê-
teurs qui ne voudront pas lui confier leurs fonds
à des conditions nouvelles les délais nécessaires
pour leur donner une autre destination.

Il n'est donc pas sans utilité de rechercher
comment on pourra employer avec sécurité et
profit ceux qui deviendront disponibles, soit
par cette circonstance probable, soit par la
crainte des oscillations qui sont encore à prévoir dans le cours de la rente.

Nous allons essayer de remplir cette tâche
et de développer les avantages incontestables
des placemens en immeubles territoriaux.

Après avoir exposé la situation agricole de
la France et ce qui reste à faire pour l'améliorer, nous examinerons comment on peut
imprimer un mouvement d'accélération à sa
prospérité.

Nous nous bornerons, d'ailleurs, à considérer
les produits de la culture sous leur point de
vue le plus essentiel, *la nourriture de l'homme*,
les autres productions n'ayant, à quelques exceptions près, qu'une convenance relative et
secondaire, se prêtant à des modifications nombreuses et suivant, dans leurs développemens,

les besoins de l'industrie et du commerce, les goûts ou les caprices des consommateurs.

I.

DE LA SITUATION AGRICOLE DE LA FRANCE.

Il existe la disproportion énorme des neuf dixièmes entre le produit annuel des propriétés dans les départemens dont elle se compose. Il est de six francs l'hectare là où le sol est hérissé de montagnes ou couvert de landes ; de douze à quinze francs au centre : il varie au midi de vingt-cinq à quarante francs, et de quarante à soixante-dix francs au nord. Dans le département de la Seine, qui est hors ligne, il s'élève à deux cent seize francs.

Cette disproportion est rarement due au degré de fertilité du sol cultivé ; elle résulte plus souvent du climat et des circonstances qui s'y rapportent, ou de la facilité des débouchés, ou du nombre d'individus qui, sur une surface donnée, se livrent aux travaux de la culture.

Ces inégalités tendent, il est vrai, à s'affaiblir à mesure que le gouvernement augmente les moyens de transport ; mais comme les spéculations se portent, de préférence, vers les points où il règne déjà une grande activité industrielle, la richesse des contrées pauvres ne s'accroît pas

dans la proportion de l'amélioration de leur situation physique : le prix des terres n'y suit
donc pas la même progression que dans les
cantons populeux et réputés fertiles.

Dans ces derniers, d'ailleurs, la construction
des bâtimens ruraux est, généralement parlant,
plus solide, plus soignée, mieux entendue. La
culture est entre les mains d'hommes intelligens et aisés, qui peuvent y consacrer des capitaux suffisans pour en soutenir l'amélioration.
Le propriétaire qui ne veut ou ne peut pas se
livrer aux travaux qu'elle exige, trouve facilement des fermiers à qui il n'a à fournir ni
bestiaux, ni ensemencemens, ni aucune des
avances nécessaires aux colons partiaires, es-
claves obstinés d'une aveugle routine, auxquels
une partie du sol de la France est encore livrée.

On a long-temps et longuement agité cette
question : la grande culture est-elle préférable à
la petite? On ne s'est pas entendu, parce qu'en
la généralisant trop, on l'avait rendue, en quelque sorte, insoluble.

Dans le voisinage des villes, par-tout où beaucoup de bras réclament de l'occupation, et où
leur travail est assez rarement interrompu et
assez payé pour rendre les économies possibles,
la division des propriétés s'opère par la force
même des choses. Ces petites propriétés sont

cultivées avec une intelligence, un profit que les grands tenanciers essaieraient vainement d'atteindre. Les possesseurs des premières ne dépensent guère que le temps dont eux et leur famille n'ont pas l'emploi ailleurs ; les seconds n'obtiennent du travail qu'à prix d'argent : ces derniers doivent donc s'attacher à diminuer, autant que faire se peut, les frais d'exploitation. De là naît aussi la différence des produits de la grande et de la petite culture ; l'une et l'autre se prêtent un appui mutuel et méritent des encouragemens.

Ce que l'on peut désirer voir entièrement disparaître, c'est plutôt cette culture intermédiaire, abandonnée à des métayers à moitié fruit, entre lesquels et le propriétaire s'interpose quelquefois une sorte d'entrepreneurs, qui, louant des domaines qu'ils n'habitent ni ne cultivent, pressurent le colon et fatiguent la terre mal préparée par des récoltes successives pendant la courte durée de leur jouissance.

Là, tout est à améliorer, et les améliorations, si elles sont bien entendues, présentent de grandes chances de bénéfices : mais pour les réaliser ces améliorations, il faut trancher dans le vif ; substituer au simple colonage les baux à long terme, consentis à des fermiers dirigeant en personne leur exploitation ; mieux disposer

les bâtimens ruraux ; opérer la réunion des domaines trop circonscrits ; diviser ceux dont
l'étendue est trop considérable ; défricher des
landes, des bruyères ; dessécher des marais et
des étangs ; creuser des rigoles et des fossés d'é-
coulement ; entourer les fermes nouvelles d'habitations de journaliers qui puissent fournir à
tous les travaux d'une culture active et soignée ;
accroître le nombre des bestiaux, et sur-tout
en améliorer les races par le secours des prairies artificielles ; car, sans engrais abondans, ce
serait en vain que le laboureur arroserait de ses
sueurs la terre que sa charrue sillonne.

Les encouragemens accordés en France à l'a-
griculture ont presque toujours eu pour principal but de recommander et d'accroître la
récolte des céréales. Les agronomes les plus
distingués en forment la base de tous les assolemens qu'ils proposent : un des plus dignes d'estime et de confiance, M. de Morel Vindé, pair
de France, a posé récemment en principe, dans
ses *Observations pratiques sur la théorie des assolemens*, « qu'on ne peut se dispenser d'avoir,
» à toujours et tous les ans, une moitié de toute
» l'exploitation en céréales fournissant pailles
» (dont partie égale en froment d'hiver et en
» céréale de mars), plus un quart en prairies
» artificielles, ces proportions, ou d'autres

» approximatives, étant impérieusement com-
» mandées par la quantité de fumier, et par
» conséquent de bestiaux qu'exige l'exploita-
» tation. » — Puis il évalue le produit de l'hectare de blé froment à sept cent vingts gerbes.

Nous pensons que, dans la situation présente
de la France et avec ses trente millions d'habitans, l'application rigoureuse de ce principe
ne peut avoir lieu, ou que le calcul des produits en céréales est exagéré, celui moyen de
l'hectare ne pouvant être évalué qu'à quatre
cents gerbes, produisant quinze hectolitres de
grains.

Que ferait-on de l'excédant considérable qui,
en suivant le calcul de M. de Morel Vindé, serait
obtenu en sus de la quantité nécessaire pour
fournir à l'approvisionnement annuel? Son but,
comme le nôtre, est d'entretenir assez de bétail
pour fumer convenablement une exploitation
conduite avec intelligence; mais la récolte des
grains s'élèverait dans la proportion de celle
des pailles, tandis que cette récolte doit se régler uniquement sur l'accroissement de la population, sans jamais recevoir un mouvement
plus accéléré. Nous indiquerons un autre ex-
pédient, qui nous paraît réunir les avantages si
justement recherchés par M. de Vindé, et qui
n'a pas ses inconvéniens.

Des récoltes de blé servant à la nourriture de l'homme.

Il existe en France vingt-deux millions huit cent mille hectares de terres labourables (fractions négligées) : en les divisant en trois soles, conformément à la pratique la plus générale, c'est sept millions six cent mille hectares pour la culture de chaque année en blé d'automne ; et pour le produit à quinze hectolitres par hectare, cent quatorze millions d'hectolitres, desquels déduisant le cinquième pour les ensemencemens et les déchets, il reste quatre-vingt-onze millions deux cent mille hectolitres, c'est-à-dire par individu, pour une population de trente millions, un peu plus de trois hectolitres, non compris la récolte de l'orge, du maïs, du sarrasin et de la châtaigne.

En évaluant la consommation moyenne du pain à vingt onces par jour par individu (elle est à peine de seize onces pour l'habitant de Paris) (1), c'est par jour trente-sept millions

______

(1) Suivant M. Benoiston de Châteauneuf, il a été reconnu que ceux qui mangent le plus de pain frais et tendre ne sauraient en consommer, par jour, plus de vingt

cinq cent mille livres de pain, ou deux cent cinquante mille hectolitres, et par an quatre-vingt-onze millions, rapport presque exact avec le calcul que nous venons de présenter (1).

Ainsi, on peut croire que les récoltes du maïs,

---

quatre onces; les médiocres mangeurs, dix-huit; les ouvriers et les cultivateurs, quarante-huit : terme moyen, calculé sur l'ensemble de la population, dix-neuf onces, et pour les hommes faits, vingt-huit onces ; ce qui est assez conforme au calcul de M. de la Grange, d'après lequel il faut par an, pour nourrir un homme fait, l'équivalent de deux cent cinquante-six kilogrammes de blé, et de soixante-treize kilogrammes de viande.

En Angleterre, la consommation du pain n'est évaluée qu'à douze onces un tiers par jour et par individu, ce qui fait un peu moins de deux hectolitres par an ; mais on verra que la consommation de la viande y est bien supérieure à celle qui se fait en France.

(1) Le résultat des tableaux présentés par M. le comte Chaptal n'élève les récoltes annuelles de froment et de seigle qu'à quatre-vingt-deux millions d'hectolitres. On fera observer que, depuis l'époque où ils ont été dressés, la cessation de la guerre, qui a rendu un grand nombre de bras à l'agriculture, et des améliorations toujours croissantes ont dû procurer un supplément de récolte considérable. Il est à remarquer, d'ailleurs, que ces états ont été vraisemblablement fournis par les préfets, que les administrations locales induisent en erreur. Nous avons été quelquefois à même de reconnaître combien les renseigne-

du sarrasin et de l'orge, devraient être, sauf les années de pénurie, entièrement consacrées à la nourriture des bestiaux, et cependant ces grains secondaires servent d'aliment à une partie de la population de la France. Il y a donc presque toujours, en froment et en seigle, un excédant assez considérable. Il avait été, en 1803, de neuf millions trois cent mille hectolitres : les exportations s'élevèrent, dans la même année, à cinq cent soixante-six mille quintaux métriques. Il monta, en 1808, à plus de vingt-deux millions six cent mille hectolitres, et les

---

mens qu'elles procurent sont loin de présenter la quotité effective des récoltes, et il est, dans le fait, difficile qu'elle leur soit rigoureusement connue.

Nous croyons que celles du froment et du seigle, loin de rester au-dessous de notre estimation, la dépassent presque tous les ans, et que, par conséquent, il est bien rare que les greniers se vident d'une récolte à l'autre : le bas prix des blés, depuis plusieurs années, vient à l'appui de notre opinion. Les quatre-vingt-deux millions d'hectolitres qui composeraient, d'après les évaluations admises par M. le comte Chaptal, le produit net de la récolte en gros blés, fourniraient à une consommation de dix-huit onces par jour par individu ; ce qui s'éloigne peu des besoins réels, calculés, comme on l'a vu par la note précédente, au taux intermédiaire de dix-neuf onces.

exportations ne dépassèrent pas huit cent cinquante-huit mille quintaux métriques, un million deux cent quatre-vingt-sept mille hectolitres. On voit quelle modique ressource elles présentent pour l'écoulement du superflu.

Quant aux importations, en 1801, où le déficit avait été calculé à douze millions d'hectolitres (évaluation qui paraît très-exagérée), l'importation ne dépassa pas neuf cent cinquante-sept mille quintaux métriques, environ un million quatre cent trente-cinq mille cinq cents hectolitres : c'est le taux le plus élevé de l'importation, qui ne peut être également que d'un faible secours, en cas de disette, parce qu'il est rare que, lorsque la France manque, il n'y ait pas aussi pénurie plus ou moins grande dans les greniers étrangers, et que l'introduction d'un déficit de douze millions d'hectolitres exigerait l'emploi prodigieux de deux mille navires de cent quatre-vingts tonneaux chacun, quantité que le commerce de l'Europe aurait peine à fournir sans nuire à la circulation des autres produits.

En Angleterre, où les besoins sont plus fréquens qu'en France, on a importé, année commune, du 1er. janvier 1792 au 31 décembre 1803, un million deux cent soixante-douze mille cinq cent quatorze quarters de blés étrangers, environ quatre millions vingt-six mille hectolitres. A cette époque, on avait imprimé un grand mouvement à la culture des prairies artificielles, et diminué dans une proportion très-sensible celle des blés. De 1804 à 1812, on a importé huit cent soixante-huit mille trois cent trente-cinq quarters par année ; ce qui a présenté une diminution de près d'un tiers sur les importations précédentes, malgré l'augmentation croissante de la population, résultat favorable, dû à l'amélioration de la culture.

Dans le dix-huitième siècle, antérieurement aux années citées, elle ne s'était pas élevée audessus du terme moyen de cinq cent soixante mille quarters ; mais alors l'Angleterre était bien moins peuplée.

Ces données confirment, à peu de chose près, l'assertion de Stewart, que le pays à blé le meilleur du monde n'a jamais produit de quoi nourrir au-delà d'un tiers en sus de ses propres habitans, et que l'importation la plus élevée de l'Empire Britannique n'allait pas ordinairement au-delà de la cinquante-septième partie de ses besoins annuels.

La consommation des blés ayant des limites fixées invariablement par la capacité de notre estomac, les peuples ont été sans cesse avertis, par l'avilissement des prix dans les marchés, de celles qu'ils devaient mettre à leur culture, et c'est parce qu'elles ont été atteintes depuis des siècles, que cette culture n'a pas suivi dans son accroissement celui de tant d'autres produits. Elle s'arrête ou rétrograde dès que, pendant quelques années, une partie de la récolte reste sans débouchés.

Du capital en bestiaux servant à alimenter les boucheries.

Sauvegrain estimait qu'il y avait en France, en l'an XIII (1805),

Bœufs et vaches. 6,084,560

Moutons. 30,307,600

Leur nombre s'élevait en 1812, d'après M. le comte Chaptal,

Bêtes bovines de tout âge, à. 6,972,973

Moutons et brebis 55,188,910

Le capital numérique de l'Angleterre était, en 1804, de

Bœufs. . . . . 3,366,184 }
Vaches.. . . . . . . 2,400,000 } 5,766,184

Moutons. 34,171,287

En 1813, il était de

Bœufs. . . . . . . 4,322,634 }
Vaches.. . . . . . . 2,800,000 } 7,122,634

Moutons et brebis. 40,865,576

Sept millions de bêtes à cornes représentent en Angleterre (le poids moyen étant calculé à six cents livres) quatre millards deux cents millions de livres pesant ;

Et en France, au poids moyen de quatre cents livres, deux milliards huit cents millions.

Les bêtes à laine en Angleterre représentent, au poids moyen de quatre-vingts livres, trois milliards deux cent cinquante millions environ ;

Et en France, au poids de trente-six livres, un milliard deux cent soixante-six millions.

Ainsi, l'Angleterre et le pays de Galles ont, pour les besoins de la consommation, un nombre de bestiaux représentant un poids de sept milliards quatre cent cinquante millions ;

Tandis que la France, pour satisfaire tout-à-la-fois à sa consommation et à son agriculture, ne possède à peine que le même nombre de têtes de gros bétail, d'un poids très-inférieur, puisqu'il est, à peu de chose près, dans le rapport de cinq à neuf.

Et cependant la France contient cinquante et un millions neuf cent dix mille soixante-deux hectares, tandis qu'on n'évalue la surface des quarante comtés de l'Angleterre et du pays de Galles qu'à quatorze millions neuf cent quatre-

vingt-six mille sept cent quatre-vingt-deux hectares (1).

Si de cette comparaison nous nous repor-
tons à celle plus essentielle des consommations,
nous trouverons les résultats suivans :

Consommation par jour et par individu :

Pour Londres, cent vingt-deux kilogrammes ;

Pour l'Angleterre et le pays de Galles, qua-
tre-vingt-treize kilogrammes.

En France, la consommation n'est, dans la

---

(1) Le poids moyen des bœufs et vaches consommés à
Paris est de trois cents kilogrammes par tête, les vaches
ne figurant dans le calcul que dans la proportion d'un à
quatorze , ce qui abaisse d'autant moins le poids de ceux-
ci; mais, dans les départemens , on abat, pour les boucheries, plus de vaches que de bœufs et d'un poids bien
inférieur. Comme d'ailleurs nous comprenons les veaux ,
nous croyons que le poids moyen peut être au plus établi à deux cents kilogrammes. En le portant à trois cent
pour l'Angleterre, nous restons , au contraire, au-dessous du poids réel.

La même observation est applicable aux moutons, que
peut-être nous n'eussions dû évaluer qu'à quinze kilogrammes , en ayant égard à l'extrême petitesse de ceux
qui se consomment dans plusieurs cantons. Nous devons
faire , en outre, remarquer qu'en 1812 les bestiaux dé-
pendant des départemens retranchés de la France devaient être compris dans les calculs de M. le comte
Chaptal, et que nous n'en avons pas fait la soustraction.

capitale, que de quarante-cinq kilogrammes ou quatre onces par jour, y compris la viande de porc, et seulement de trente livres ou d'une once et demie par jour pour les départemens.

Mais il est une autre considération non moins importante, c'est qu'en Angleterre le poids des bestiaux livrés à la boucherie, et par conséquent le capital qu'il représente, s'est accru d'une manière incroyable ; il a, d'après M. Mont-véran, presque triplé de 1784 à 1815, tandis qu'en France il est resté presque stationnaire, si on excepte les moutons, dont le poids et la valeur ont augmenté depuis que l'introduction des mérinos a déterminé beaucoup de cultivateurs à les nourrir avec plus de soin et d'abondance.

Le docteur Clarke nous fournit les documens suivans :

Poids ordinaire du bétail vendu au marché de Smithfield.

EN 1710.	EN 1796.
Bœuf. . . . 370 livres.	Bœuf. . . . 800 livres.
Veau. . . . 50	Veau. . . . 148
Mouton. . . 28	Mouton. . . 80
Agneau.. . . 18	Agneau. . . 50

Outre cette augmentation dans le poids, le nombre des bœufs consommés annuellement à Londres s'est élevé, en 1795, à trente-deux mille huit cent cinquante-quatre de plus que soixante-deux ans auparavant, et celui des moutons à deux cent sept mille deux cent quatre-vingt-dix. Depuis cette époque, la différence est devenue plus sensible encore (1).

---

(1) Il résulte des calculs auxquels M. Benoiston de Châteauneuf s'est livré, que, depuis 1789, la consommation de la viande a baissé, à Paris, d'un cinquième, loin d'augmenter avec les consommateurs ; et que, quand la viande de boucherie est moins abondante, soit à cause de la cherté de son prix, soit par toute autre raison, la consommation du porc augmente aussitôt, comme si cette espèce d'aliment était toujours destinée à remplacer l'autre.

L'introduction en grand de la culture des pommes de terre, et la difficulté de pourvoir aux approvisionnemens à l'époque du *maximum*, ont contribué au changement qui s'est établi dans les habitudes du peuple.

Il se consomme annuellement, à Paris, environ trois cent vingt-trois mille six cents hectolitres de pommes de terre, qui représentent onze kilogrammes de viande par hectolitre, et qui équivalent à sept mille trois cent quatre-vingts bœufs du poids de trois cents kilogrammes chacun. Cette nourriture, substituée à la viande, rétablit la proportion entre la consommation de 1789 et celle des dix dernières années.

Elle paraît suivre en ce moment le mouvement ascen-

Tels sont les effets d'une culture perfectionnée par l'introduction des prairies artificielles, et par l'adoption d'un judicieux système d'assolement.

Les Anglais ont reconnu, avant nous, que, pour beaucoup récolter, il fallait beaucoup d'engrais, et qu'on ne pouvait avoir beaucoup d'engrais sans élever un grand nombre de bestiaux et sans avoir des fourrages abondans pour les nourrir.

Ils ont donc momentanément sacrifié à l'établissement de prairies temporaires une partie des terres arables : les grands propriétaires ne se sont pas bornés à donner l'exemple ; ils l'ont fortifié en établissant des prix qui se distribuent avec solennité, et qui sont assez élevés pour couvrir les dépenses qu'entraîne nécessairement l'amélioration des races.

Le célèbre anatomiste Hunter ayant remarqué que les personnes grasses avaient générale-

---

dant de la population ; bornée, dans les dix années antérieures à 1822, au terme moyen de soixante-onze mille sept cent cinquante bœufs, elle a dépassé, pendant cette année, celui de soixante-quinze mille neuf cents. La progression a été à-peu-près la même pour les autres espèces de viande.

ment les os minces, ce principe a été appliqué aux animaux domestiques par Backwell et par plusieurs autres cultivateurs éclairés. Ils se sont en même temps attachés à rechercher ceux à large poitrail, comme les plus avantageux pour l'engrais. L'expérience leur a enseigné à éviter également les trop grosses et les trop petites races, et à préférer les animaux tranquilles et doux.

L'éducation du bétail est dès-lors devenue une spéculation de boucherie dont les résultats sont calculés d'une manière si parfaite, que, tout additionné, frais de production, soins, nourriture, temps nécessaire et transport, il reste un bénéfice clair pour celui qui élève, ainsi que pour le nourrisseur.

On a encore appris que les bestiaux destinés à l'approvisionnement des boucheries pouvaient s'engraisser à tout âge, et qu'il était avantageux de les livrer à la consommation plutôt qu'on ne le fait ordinairement en France.

Lors de la dernière *exhibition* annuelle du marché de Smithfield, le bœuf qui a obtenu le premier prix de vingt guinées n'avait que deux ans et onze mois.

Un autre prix de vingt guinées a été accordé au propriétaire d'un bœuf de l'âge de cinq ans et huit mois, et du poids de deux mille deux cent quarante livres (1).

La carcasse des plus forts moutons pesait de cent cinquante à deux cent dix livres, et un porc âgé de quinze mois seulement, trois cent trente-deux livres.

Ce n'est pas sur ces espèces de monstres qu'on peut asseoir des calculs ; mais ils font voir jusqu'à quel point l'industrie peut, en quelque sorte, élever à volonté le poids et le degré de graisse des animaux domestiques. Tous ceux qui se livrent à ces expériences ne sont pas indemnisés de leurs frais ; car, à côté de celui qui obtient le prix, se classent ceux qui l'ont presque atteint. Toutefois, les récompenses accordées excitent l'émulation et contribuent à l'entretenir. Si quelques individus font des pertes, la nation y gagne, comme à tout ce qui tend à élever la production et la consommation.

Lorsque l'une et l'autre se soutiennent, cette augmentation de richesses publiques exerce la

____

(1) La Société d'agriculture d'Irlande (*farming society*) exige, pour l'admission au concours des prix décernés par elle, chaque année, qu'un bœuf de deux ans pèse au moins onze cent vingt livres sur pied ; un de trois ans, quatorze cents livres ; enfin qu'il pèse seize cent quatre-vingts livres, s'il a quatre ans et plus.

plus heureuse influence sur le bien-être et sur l'accroissement de la population.

L'Angleterre en fournit encore la preuve.

Sa population, au temps d'Édouard III, était de. 2,092,378
Du temps d'Élisabeth, de . . . 4,688,000
A l'époque de Charles II, de. . . 6,000,000
D'après les calculs faits sous le règne de la reine Anne, de . . . 8,200,000
Au commencement de la guerre d'Amérique, en 1775, d'après Chalmers, de. 9,400,000

Ainsi, elle a beaucoup plus augmenté dans le dernier siècle qu'elle ne l'avait fait auparavant, dans l'espace de six cents ans.

Le recensement de 1811 n'ayant donné que dix millions cinq cent deux mille cinq cents habitans, celui de 1821 en porte le nombre à onze millions quatre cent trente-six mille deux cent vingt-six; ce qui suppose que, dans cet intervalle, la population s'est accrue, année moyenne, de 16 $\frac{1}{2}$ par mille.

L'accroissement a été plus lent en France, qui présentait, en 1789, une population évaluée à environ vingt-cinq millions; en 1806, d'après les recensemens officiels, à vingt-huit millions neuf cent trente-cinq mille cent vingt-sept (dé-

duction faite des villes et villages détachés en 1814
et 1815) : en 1820 elle s'élevait à trente millions
quatre cent soixante-six mille cinquante-trois
habitans, auxquels ajoutant, pour l'armée,
cent cinquante mille, on a trente millions six
cent seize mille cinquante-trois individus. La
comparaison de ces deux derniers recensemens
offre seulement, en quatorze ans, une augmentation de $4\frac{15}{110}$ par mille.

L'ensemble de la population des Iles Britanniques, y compris le pays de Galles, mais dé-
duction faite des îles de Jersey, Gernesey et
Mann, est de vingt et un millions deux cent quarante-huit mille deux cent quatre-vingts individus, selon le recensement de 1821 déjà cité :
ils sont répartis sur une étendue de cent vingt
et un millions trois cent vingt-neuf milles d'Angleterre carrés, ou trente et un millions quatre cent quarante-huit mille quatre cent soixante-
dix-sept hectares ; ce qui fait, par chaque mille
carré d'Angleterre, ou, pour un hectare quarante-huit ares et demi, cent soixante-quinze
individus, terme moyen ; tandis que la France,
sur une surface de cinquante et un millions
neuf cent dix mille soixante-deux hectares,
n'a qu'un individu pour un hectare soixante-
dix ares six dixièmes.

M. le baron Coquebert de Montbret, à qui nous

empruntons ces derniers calculs (*Annales des voyages*), fait observer que, dans cette proportion, la France pourrait voir sa population portée à trente-cinq millions d'âmes, sans qu'elle surpassât spécifiquement celle des Iles Britanniques.

Si elle recevait annuellement un accroissement égal à celui que celles-ci ont obtenu depuis 1801, il ne faudrait guère plus de dix années pour qu'elle atteignît ce taux. Rien ne serait plus facile que d'élever les produits agricoles dans la même proportion, puisque, outre ceux à attendre de l'amélioration successive des terres déjà cultivées, il nous reste à défricher plus de quatre millions huit cent mille hectares de landes et de bruyères.

On s'effraierait donc à tort du mouvement ascendant de la population, son accroissement est même indispensable pour soutenir les améliorations agricoles et industrielles. Heureusement, il est sensible par toute l'Europe, malgré les émigrations, qui ont favorisé son développement extraordinaire dans les États-Unis, où, en 1753, on comptait seulement un million cinquante et un mille individus; en 1800, cinq millions trois cent six mille cent trente-deux, et qui, en 1823, en réunissaient neuf millions six cent cinquante-quatre mille quatre cent quinze.

De 1779 à 1789, le nombre des naissances, à

Paris , avait été, année commune , de dix-neuf mille neuf cent soixante et un , et celui des décès, de dix-neuf mille neuf cent trente-quatre: différence , vingt-sept.

De 1809 à 1819, naissances, vingt et un mille sept cent quatre-vingt-dix-neuf; décès, vingt et un mille trente-trois : différence, sept cent soixante-six.

En 1821 , naissances 25,156
— décès 22,917
En 1822 , naissances 26,880
— décès 25,252

Ainsi, la population de Paris s'est accrue, par le seul excédant des naissances sur les morts, en 1821 , de deux mille deux cent trente-neuf, et en 1822 , de trois mille cinq cent quatre-vingt-dix-huit individus.

A Londres, le nombre des décès a été , du 11 décembre 1821 au 10 décembre 1822, de dix-huit mille huit cent soixante-cinq ; celui des naissances, de vingt-trois mille trois cent soixante-treize : différence, quatre mille cinq cent sept (1).

____

(1) La population de Londres étant , d'après l'état fourni, en 1821, par M. Rickman, d'un million deux cent soixante-quatorze mille huit cents âmes (y compris Westminster et Southwark), et par conséquent bien supérieure à celle de Paris, qui n'est que de sept cent vingt mille âmes,

Dans les maisons où on reçoit en France les enfans trouvés, on n'avait pu conserver, jusqu'à l'âge de douze ans, que cent vingt-deux enfans sur mille. Depuis quelques années, on a obtenu des résultats moins désavantageux. Les sorties, à cet âge, de cinq cent cinquante et un pour les années 1816, 1817 et 1818, se sont élevées à sept cent quarante-deux pour les trois années suivantes.

A Berlin, le nombre des enfans morts avant la fin de leur première année, qui était égal au quart des naissances, n'est plus que du cinquième (1).

---

on s'étonnera que le tableau des naissances donne à cette dernière ville un aussi grand avantage. Il ne faut pas oublier que dans les villes de France, et sur-tout dans la capitale, les registres de l'état civil sont tenus avec beaucoup d'exactitude, tandis qu'en Angleterre il n'y a pas d'officiers publics chargés d'enregistrer ces actes : les renseignemens y sont recueillis par des inspecteurs (*overseers*), et, en Écosse, par les maîtres d'école, et souvent, sans doute, d'une manière incomplète.

(1) Il est à croire qu'une nouvelle cause de mortalité serait détruite par la proscription générale et rigoureuse de la traite des noirs. M. le docteur Andouart vient de démontrer jusqu'à l'évidence, dans un Mémoire lu par lui à l'Académie des sciences, que cette affreuse maladie avait été importée, tant en Amérique qu'en Europe, par les bâtimens négriers.

Ces résultats généraux sont dus à un meilleur régime alimentaire, à des soins mieux entendus, à la pratique de la vaccine et à plus d'aisance répandue dans le peuple.

Ils deviendront plus importans encore lorsque les efforts du gouvernement concourront avec ceux des particuliers à affaiblir la disproportion existant dans la valeur relative du produit des terres.

M. le rapporteur de la commission nommée par la Chambre des députés pour l'examen de la loi sur la réduction des rentes avait dit :

« En multipliant les moyens de circulation, en desséchant les marais, en fouillant les mines, en creusant des canaux, *on donnera du travail aux ouvriers et on augmentera la consommation.* »

Il serait plus vrai de prétendre que l'excès des récoltes deviendra une cause de paresse. Le travail ne manque pas plus aux ouvriers que le blé pour les nourrir. Lorsque l'emploi de trois ou quatre jours suffit pour assurer les subsistances d'un ouvrier et de sa famille, il fait valoir ses services, les met à plus haut prix, ou les refuse obstinément. Le propriétaire est placé, en quelque sorte, dans sa dépendance ; ses entreprises se ralentissent ou sont entièrement suspendues ; le paiement des impôts absorbe ses ressources ; ses embarras vont en croissant.

Il a été reconnu que, dans l'intérêt commun bien entendu du propriétaire et du journalier , le prix de l'hectolitre de froment ne devrait pas descendre au-dessous de dix-huit à vingt francs, pour les départemens qui récoltent au-delà de leurs besoins.

Sous le règne de Henri IV , le marc d'argent étant à vingt-deux livres , le prix du setier de froment était à près de dix livres ; aujourd'hui, le marc étant à cinquante-cinq francs , le setier ne vaut qu'environ vingt et un francs : pour soutenir la proportion, il devrait être à vingt-cinq. C'est à ce taux commun que M. le marquis Garnier l'établit dans les considérations qui terminent son *Histoire de la monnaie des peuples anciens*.

La diminution soutenue du prix des blés prouve évidemment que, depuis la disette de 1816, la progression des ensemencemens et des récoltes a été plus rapide que celle de la population , parce que cette disette a excité à consacrer à la culture des céréales une plus grande quantité de terres. De même , on peut s'attendre que, si la baisse des prix se prolongeait, les ensemencemens diminueraient, et que, par cette seule cause et indépendamment de l'influence des saisons, il pourrait y avoir une nouvelle pé-

riode de renchérissement. Cette espèce d'inter-
mittence a été souvent remarquée.

Nous croyons avoir démontré que les récoltes de grains sont plus que suffisantes pour nourrir la population actuelle de la France ; mais
elles sont mal réparties, parce que les débouchés manquent dans quelques-unes des localités
qui ont annuellement un excédant de récolte ;

Qu'une portion de cet excédant resterait
même sans emploi s'il ne recevait pas une autre destination ;

Qu'il n'y a pas, dès-lors, lieu de recommander d'augmenter, par préférence, la culture
des céréales *destinées à la subsistance de l'homme;*

Qu'il convient plutôt d'encourager, par tous
les moyens possibles, l'amélioration des bestiaux, sous le double rapport des races et du
nombre ;

Que de cette amélioration naîtra celle des
autres produits de la culture, puisqu'elle four-
nira le stimulant nécessaire, les engrais ;

Qu'elle aura la plus heureuse influence sur
l'accroissement désirable de la population, en
procurant à la partie nombreuse qui mange un
pain grossier une nourriture plus substantielle;

Et comme tout s'enchaîne, que cet accroissement de population permettra de faire dispa-

raître successivement les méthodes vicieuses .
entretenues par l'absence des débouchés et par
le malaise des cultivateurs ;

Que le gouvernement doit chercher à élever,
autant qu'il peut dépendre de lui , la valeur des
propriétés dans les départemens où, par des
causes diverses, elle reste hors de proportion
avec les ressources que ces propriétés offriraient
à une population plus nombreuse et plus industrieuse. La terre , matière inerte , se prête à
tous les caprices de l'homme ; elle récompense
presque toujours largement un travail intelligent et opiniâtre , lorsque les produits n'en pé-
rissent pas faute de consommateurs : il faut
donc, avant tout , faciliter les moyens de transport et d'échange.

Ainsi , l'amélioration de la situation agricole de la France est subordonnée aux efforts
réunis de son gouvernement et de ses habitans ;
leur concours soutenu peut , seul , la rendre
durable.

II.

DE L'ACTION DIVERSE QUE LE GOUVERNEMENT ET LES
PARTICULIERS EXERCENT SUR L'AMÉLIORATION DE
L'AGRICULTURE.

De l'action particulière du gouvernement.

Le gouvernement peut exercer cette action,

d'une part, par ses institutions, ses réglemens administratifs et un bon code rural (1); par ses soins à signaler les pratiques vicieuses, à propager les bonnes, et à répandre par-tout une instruction primaire appropriée à la destination future des enfans des cultivateurs;

De l'autre, par la modération des impôts, leur égale répartition, établie d'après la valeur naturelle du fonds, jamais d'après celle que lui donne l'industrie; la suppression des monopoles, l'encouragement des échanges, des transactions, qui favorisent et accélèrent la circulation des capitaux et des produits; par des récompenses aux succès; par des secours aux entreprises faites avec discernement, que la seule intempérie des saisons a fait échouer; par un système de douanes, mobile comme les besoins de l'agriculture et de l'industrie, et toujours calculé d'après les prohibitions, les droits ou les franchises établies par les diverses nations commerçantes; enfin, en vivifiant les

---

(1) « Les pays ne sont pas cultivés en raison de leur fertilité, mais en raison de leur liberté; et si l'on divise la terre par la pensée, on sera étonné de voir, la plupart du temps, des déserts dans les parties les plus fertiles, et de grands peuples dans celles où le territoire semble refuser tout. » (Montesquieu, *Esprit des lois.*)

parties les plus reculées ou les plus négligées du royaume par des constructions de ponts, par l'ouverture de nouvelles routes ou de canaux de navigation, et sur-tout par la réparation si indispensable et si urgente des chemins vicinaux.

Quelques-unes de ces indications exigent des développemens.

1°. La centralisation du gouvernement est assurément un grand bienfait pour la France; mais ne l'a-t-on pas trop étendue à l'administration locale? On doit faire des vœux pour qu'on abandonne aux conseils généraux de départemens, rendus à leur première destination, les décisions administratives, dont l'application serait restreinte à chacun d'eux, toutes les fois qu'elles ne blesseraient pas les lois et les ordonnances générales, ou ne nuiraient pas aux départemens limitrophes. Les ministres pourraient avoir un droit de *veto* suspensif; en cas de doute et de réclamation, le conseil d'état ou les tribunaux statueraient. Alors la législature ferait, dans le budget, la part de l'administration générale et celle des départemens ; les dépenses particulières à ceux-ci seraient réparties par leurs conseils ; tout ce qui concernerait les routes départementales, l'entretien ou

3.

la réparation des chemins vicinaux , serait de leur compétence.

2°. Pour coordonner l'établissement des chemins vicinaux avec un système général de circulation secondaire , il serait désirable qu'une administration *spéciale* fût chargée , pour toute la France, d'arrêter , sur les rapports des conseils généraux et l'avis des préfets, leur division par classes; d'en fixer le nombre, les directions, les largeurs, etc. ; de prononcer sur les réclamations; d'astreindre les propriétaires riverains à reculer leurs clôtures ou leurs fossés; enfin , d'imprimer une grande activité à cette partie aussi importante que négligée du service public.

Si aux secours à attendre de la population des départemens, appelée à y concourir par une combinaison judicieuse de la prestation en nature et de celle en argent, on ajoutait ceux qu'il serait possible d'obtenir des troupes de ligne, des conducteurs de trains d'artillerie ou de convois militaires , exercés à ce genre de travail, dix années suffiraient pour changer l'aspect du royaume et vivifier ses parties les plus reculées et les plus pauvres : il n'y a plus qu'à vouloir (1).

---

(1) Pendant l'impression de cet écrit, le gouvernement a présenté à la Chambre des députés un projet de loi re-

En même temps, la direction des ponts et chaussées aurait à traiter plus libéralement les départemens, qui, jusqu'à ce moment, ont trop peu fixé l'attention du gouvernement. L'ouverture de quelques grandes communications nouvelles y doublerait, en peu d'années, la valeur

---

latif au contentieux et au mode de régularisation des dépenses des chemins vicinaux. Ce projet n'aborde pas la classification, non plus que le système de réparations de ces chemins. C'est la seconde section d'une loi dont la première reste encore à rédiger.

M. le Ministre de l'intérieur a fait observer, dans l'exposé des motifs de la loi, qu'elle laissait à l'administration les détails qui ne sont pas au-dessus de sa compétence, afin de prévenir ainsi les gênes, les embarras, qui, dans de telles matières, naîtraient nécessairement de règles minutieusement uniformes.

Nous pensons avec lui que les dispositions purement administratives ne doivent pas figurer dans la loi; mais nous croyons qu'elle ne satisfait pas à *toutes les nécessités qui en sont l'objet.*

Il faudrait entrer dans des développemens étrangers au but principal de ce Mémoire, pour exposer, à cet égard, toute notre pensée et la motiver. Nous avons pris la liberté de la soumettre à Son Excellence, ainsi qu'à la commission de la Chambre des députés, en leur adressant les dispositions qui, à notre avis et sauf meilleure rédaction, doivent former un précédent indispensable du projet offert aux méditations des Chambres.

des terres. Que l'on consulte les mercuriales, et l'on verra que, dans ces départemens, les fromens s'y vendent à peine 12 à 13 francs l'hectolitre, tandis qu'à des distances plus ou moins rapprochées, mais trop difficiles à franchir, la même mesure se soutient à des prix bien supérieurs. Il y a pénurie d'un côté, surabondance de l'autre, et cette surabondance est d'autant plus fâcheuse, qu'elle porte avec elle le découragement.

3°. Nous puiserons les motifs qui nous engagent à réclamer des routes de préférence à des canaux, dans les observations que nous avons pris la liberté d'adresser, il y a deux ans, à M. le directeur général des ponts et chaussées.

« La Hollande a dû sa richesse intérieure à ses innombrables canaux : ils étaient de première nécessité pour elle et une des conditions de son existence ; on pourrait dire qu'ils ont créé son sol : c'est par eux, du moins, qu'il a été assaini et rendu propre à la culture. — Dans un tel pays, toute la circulation commerciale s'opère par leur moyen ; il n'y a, en quelque sorte, que des chemins de halage, et il ne faut rien de plus.

» Il n'en est pas ainsi en France, dont la richesse première repose sur les produits de l'agriculture, et qui, n'ayant pas, comme la Hollande, une surabondance d'eau à comprimer, a dû s'attacher, avant tout, à procurer au sol les moyens de transport indispensables à ses besoins. Les bons chemins provoquent et créent l'industrie, qui ne peut exister ou se soutenir nulle part sans débouchés faciles : les canaux sont, hors quelques circonstances et quelques localités, le luxe des communications et le résultat d'une industrie déjà florissante et perfectionnée.

» C'est donc avec toute raison que le gouvernement a commencé par donner ses principaux soins à la confection des routes, et c'est encore à leur amélioration, comme à leur multiplication, qu'il doit s'attacher, en se bornant toutefois aux dépenses nécessaires pour assurer, partout et en tout temps, une bonne viabilité, et en renonçant à ces constructions orgueilleuses et superflues, dont la dépense, appliquée aux départemens négligés, eût suffi pour assurer leur prospérité.

» Il a pu être utile, pour mieux fixer l'attention sur l'importance de la navigation intérieure, de provoquer la multiplicité des projets de canalisation, et de fournir ainsi carrière aux spéculations ; mais à présent que l'impulsion est donnée, il importe de l'arrêter dans de justes bornes, et de prévenir des mécomptes de la part de ceux qui n'arrivent qu'après les capitalistes, et qui sont, dans la réalité, les vrais bailleurs de fonds.

» Il n'y a aucune parité entre les frais qu'exige

la construction des routes et ceux qui résultent
de l'ouverture des canaux de navigation. Les
premiers peuvent être presque rigoureusement
calculés ; mais qui pourrait répondre qu'un canal,
dont la confection exige l'établissement soit de
nombreuses écluses, soit le percement lent et
dispendieux de montagnes de nature diverse, ne
coûtera pas le double ou le triple de la première
évaluation donnée aux dépenses ? Eussent-elles
été rigoureusement calculées, peut-on être aussi
certain de toujours bien évaluer le volume d'eau
qui viendra alimenter le canal ? Des causes
imprévues ne peuvent-elles pas rendre vaines
toutes les espérances ? Sans parler des éboule-
lemens si fréquens, des infiltrations, toujours
subordonnées à la nature variable des cou-
ches inférieures du terrain, ne suffit-il pas du
déboisement des collines, de l'interruption ou
de l'interception de quelques sources, de leur
dérivation par les causes, en apparence, les
moins offensives, et contre lesquelles l'autorité
serait sans action, toutes les fois qu'aucune
prise d'eau immédiate et à ciel ouvert n'aurait été effectuée ; ne suffit-il pas, disons-nous,
de ces causes ou inaperçues ou imprévues, pour
rendre vaines d'énormes dépenses ?

» Ces considérations démontrent à combien
de réflexions la prudence commande de se li-

vrer avant d'ordonner l'établissement d'un nouveau canal *transversal au cours des rivières;* car
c'est principalement à ce genre d'entreprise
qu'elles s'appliquent.

» Il en est de particulières à la situation présente de la France. Si l'usage des canaux était
trop généralement et trop brusquement subs-
titué à celui des routes, nous verrions s'élever,
il est vrai, un nouveau genre d'industrie ; mais
cette population nombreuse, qui vit du transport par terre des marchandises, que devien-
drait-elle ? Il faut deux ou trois hommes et le
même nombre de chevaux pour conduire un
bateau chargé de quatre à cinq cents milliers;
il faut, au moins, cinquante hommes et cent
cinquante chevaux pour le transport par terre
des mêmes quantités. Ainsi, vous auriez diminué la valeur commerciale des produits du sol,
puisque leur circulation s'établirait à meilleur
compte; vous auriez privé d'emploi une partie
des chevaux de trait, dont l'éducation est un
des principaux revenus de plusieurs départemens, enlevé à une population nombreuse le
travail qui assure sa subsistance, dépensé des
sommes considérables, et cela pour remplacer
des moyens de transport déjà existans, ou qui
pouvaient être facilement établis, par un nouveau mode de circulation d'un succès douteux!

Remarquons, d'ailleurs, qu'il ne convient qu'aux matières dont le chargement et la conduite par voiture sont très-difficiles, ou dont la valeur intrinsèque, étant en raison inverse du poids, est sans proportion avec ce qu'il en coûte pour leur déplacement : tels sont les bois de construction, les blés, les charbons de terre, les pierres, etc.

» On aurait à appliquer, à bien plus juste titre, à la multiplication anticipée des canaux ce que l'on a dit de la substitution des machines aux bras qui fournissaient les produits des fabriques. Ce n'est pas lorsque plusieurs circonstances concourent heureusement à accroître la population, que les gouvernemens doivent préférer ce qui tend à restreindre l'emploi des hommes et celui des bestiaux qu'ils élèvent ; son attention doit plutôt se diriger vers les moyens de répartir aussi uniformément qu'il est possible, par la confection de nouvelles routes, par la réparation des chemins vicinaux, *par la navigation ou le flottage des rivières*, les avantages résultant de la multiplicité et de la facilité des communications : c'est à l'intérêt particulier qu'il faut abandonner le reste ; qu'on le laisse faire, et on ne pourra craindre qu'il rejette les méthodes les plus profitables. Les entraves seules lui sont nuisibles : si de mauvais choix ou de faux calculs sont faits quelquefois par l'imprévoyance individuelle, les pertes qui en résultent sont bientôt réparées par les succès des masses ; succès qui, seuls, fondent la richesse des nations et de leurs gouvernemens.

» Cent millions répartis en confection de routes entre les départemens ou les arrondissemens qui en sont privés contribueront plus à la prospérité générale que trois cents millions dépensés prématurément à creuser des canaux. On doit, pour le présent, n'avoir en vue que la jonction des mers et des grands fleuves, et restreindre les exceptions à cette règle aux localités où l'ouverture d'un canal deviendrait un moyen, soit d'assainir le sol, soit d'utiliser une grande quantité de bois de construction, soit de favoriser des usines d'une très-grande importance, lorsqu'on pourrait, d'ailleurs, disposer d'une masse d'eau assez considérable pour n'avoir presque jamais à redouter l'interruption de la navigation. »

4°. On indiquera, comme moyen de diminuer les dépenses et d'accélérer la réparation des routes, ce qui se pratique dans quelques parties de la Hollande, où on passe plusieurs fois diagonalement sur les digues, pour en unir la surface et combler les ornières, des herses à dents de fer, suivies par des rouleaux ou des ploutres, lorsque les premiers hâles se font sentir au printemps ;

l'effet en est prompt et efficace même dans les terres fortes. C'est ainsi que la voie publique sur les digues des îles de la Meuse, formées de cette espèce de terre, est réparée chaque année. Cet usage économique pourrait être adopté en France pour les routes ferrées et les bas-côtés de celles qui sont pavées. Les chevaux de poste, ceux des voitures publiques qui retournent à vide, et dans beaucoup de circonstances deux petites herses traînantes, fixées par une corde ou par une chaîne derrière les charrettes des rouliers, de manière à combler les ornières, à mesure qu'elles seraient formées, seraient utilement employés pour atteindre ce but : l'essai ne serait ni difficile ni dispendieux.

On pourrait aussi astreindre les toucheurs de bœufs destinés aux boucheries à faire traîner de ces herses par ceux de ces animaux qui fermeraient la marche. On sait qu'ils sillonnent transversalement les routes de manière à les rendre presque impraticables ; la réparation suivrait ainsi le dommage.

5°. Nous avons établi que les récoltes de grains étaient, année commune, plus que suffisantes pour nourrir la population actuelle de la France.

Cette vérité n'est malheureusement pas assez populaire. Un proverbe a consacré en langage trivial, qu'on parlait en vain raison à ceux qui ne croient pas leur subsistance assurée. La crainte de la famine est bien plus redoutable que la famine même ; car les chances de celle-ci deviennent de plus en plus rares, tandis que rien ne rassure contre le retour de l'autre. Qu'une terreur panique s'empare des habitans d'une grande ville, et aussitôt elle se communique avec la rapidité de l'éclair : les greniers se ferment, la circulation se ralentit ; on éprouve toutes les apparences de la pénurie au sein même de l'abondance. D'énormes dépenses ont été faites en 1816, année où la récolte fut, en effet, très-mauvaise, pour tirer des blés de l'étranger, et ces dépenses ont à peine abouti à nourrir la population entière de la France pendant cinq à six jours ! Si l'administration, abusée par des états de situation presque toujours au-dessous de la réalité, avait, loin de partager des inquiétudes trop légèrement conçues, employé ses efforts à les calmer et à protéger le commerce, ces énormes sacrifices eussent pu être épargnés. Il s'est perdu alors plus de grains par les fausses opérations qui furent faites, ou par l'avidité aussi coupable que mal entendue de quelques propriétaires et de quelques fermiers, qu'il n'a été possible d'en importer.

On a proposé, pour obvier à-la-fois à l'excessive cherté et à la pénurie, d'établir de grands magasins publics, remplis par des achats effectués aux époques où les blés descendent au plus bas prix, et vidés lorsque ces prix s'élèvent au taux où l'importation est permise : ces établissemens dispendieux semblent devoir être restreints aux très-grandes villes et aux départemens où la récolte annuelle est fort au-dessous des besoins. Leur dissémination sur tous les points de la France serait aussi inutile qu'onéreuse.

6°. Jamais peut-être il n'a été plus indispensablement prescrit au gouvernement d'exercer son influence morale pour modérer les spéculations sur les effets publics et enseigner aux pères de famille comment ils peuvent, par une sage prévoyance, garantir de tout risque la fortune de leurs enfans ; mais comment l'eût-il exercée cette influence, si, pendant deux ans, des banquiers étrangers eussent été les arbitres du cours des inscriptions ? Plus tard, notre sort ne leur eût-il pas été indifférent ? Peu leur importait, après tout, que la fièvre bursale s'apaisât : n'étaient-ils pas intéressés, au contraire, à l'exciter, et à enflammer les imaginations par de séduisans prestiges ?

L'époque actuelle présente de singuliers contrastes.

Dans les arts, dans les sciences exactes, on se

débarrasse de tout ce qui peut compliquer les rouages, occasionner d'inutiles frottemens, ralentir les effets, ou mettre la confusion dans les idées ; tous les progrès sont marqués par la simplification des procédés ou des formules.

En matière de finance, on n'arrive plus, en quelque sorte, à reconnaître que deux et deux font quatre, sans multiplier les combinaisons et les calculs. On a réduit en art les plus simples opérations. Il faut des interprètes pour les mystères de la bourse, comme jadis, dans la vieille Égypte, pour la langue sacrée des prêtres de Memphis.

Nourris pendant plus d'un quart de siècle d'émotions fortes ; sans cesse saisis par des événemens imprévus, par de grandes catastrophes, tout ce qui éblouit, tout ce qui émeut l'âme et ses passions, semble devenu un insatiable besoin. Le calme de quelques années importune ; on y échappe par les jeux les plus hasardeux, par les spéculations les plus gigantesques ; on s'attache, de préférence, aux chances les plus mobiles et les plus promptement connues. Dans ces loteries nouvelles, la foule qui succombe disparaît sans que son malheur corrige. Une autre foule se précipite incessamment sur les pas de ceux que la fortune favorise, et va bientôt grossir, à son tour, le nombre des victimes.

Cent millions sont en circulation dans les galeries de la bourse ; ils passent, en peu de jours, par mille mains : les plus téméraires se remplissent, d'autres se vident ; mais que gagne l'État à tant de mouvement? Rien, absolument rien ; il y a déplacement, voilà tout. Supposez ce jeu continué pendant des années, il sera toujours aussi improductif; il n'augmentera pas la masse des richesses circulantes, et cependant on le préfère aux opérations qui créent des valeurs nouvelles, mais dont l'effet est lent et n'éveille pas l'espoir d'un grand lucre!

La Chambre des pairs, en rejetant, par sa résolution éminemment française, une proposition bonne en elle-même, mais trop précipitée, et dont le mode d'exécution présentait des inconvéniens inaperçus, a servi les intérêts de tous les peuples. Qui eût pu prévoir, en effet, les bornes qu'aurait mises à ses exigences ou à ses spéculations une corporation étrangère, enhardie par ses succès, disposant des richesses de l'Europe, pouvant faire ou détruire les fortunes, exciter ou diriger toutes les ambitions, imposer la paix ou la guerre, comprimer l'autorité des souverains, ou la soumettre à ses caprices, et tout soulever, en un mot, par son levier d'or?

Un gouvernement qui perçoit annuellement un milliard est contraint d'en consacrer la plus grande partie aux dépenses qui soutiennent son organisation. Il croulerait s'il cessait d'entretenir son armée, sa marine, ses routes, ses canaux; de payer ses pensionnaires, ses rentiers, ses nombreux agens. Il lui reste peu à consacrer à des combinaisons purement politiques. L'imagination s'effraie par l'idée d'une association qui, n'ayant aucune charge à supporter, disposerait des capitaux libres de toute l'Europe, et se trouvant mise en mesure de les prodiguer ou de les refuser à son gré, placerait ainsi les destins du monde dans la balance de ses intérêts. La force des choses, l'appât insatiable du gain, la vanité sans cesse excitée par l'importance politique acquise, l'enivrement du pouvoir, eussent inévitablement, quoique sans aucune préméditation, amené ce résultat effrayant.

N'annonçait-on pas déjà que par-tout on préparait des opérations calquées sur celle qui allait se faire au milieu de nous? Toutes eussent été conduites simultanément; car des lettres de crédit et de circulation eussent suppléé à l'insuffisance des valeurs réelles. Les profits se seraient, en fin de compte, concentrés dans un petit nombre de mains, dirigeant par des fils invisibles les gouvernemens subjugués et les peuples appauvris.

Sans doute, de grandes opérations finan-

cières ne peuvent se conclure sans le concours des capitalistes; mais dans un état qui
renferme, comme la France, tous les genres
de ressources, pourquoi les chercher au-delà
de ses frontières et ne pas régler entre nous
nos propres affaires? Que les étrangers pren-
nent part à ces opérations, rien de mieux; mais
que ce soit comme simples propriétaires d'actions réparties, et non comme signataires de
traités; que sur-tout aucune transaction n'é-
chappe à la publicité et à la concurrence.

Pourquoi même tous ceux qui se présenteraient dans un temps déterminé ne seraient-ils pas
adjoints aux adjudicataires, en réservant seulement à ceux-ci une double ou triple part, pour
les récompenser d'avoir offert les conditions les
moins onéreuses? Ainsi se trouveraient distribués entre un grand nombre de personnes les
bénéfices, qui, dans la plupart des stipulations
consenties, ont été abandonnés à quelques sou-
missionnaires privilégiés. On éviterait le scan-
dale de ces gains immodérés, cachés sous le nom
de primes, dont nous venons de signaler les dan-
gers. Leur répartition moins restreinte tourne-
rait à l'avantage de l'état, qui a plus d'intérêt à
compter par milliers, dans son sein, les possesseurs d'une fortune de cinquante à cent mille
francs de rente, qu'à accumuler sur les têtes de

quelques financiers nomades des trésors mis
tour-à-tour à la disposition de ceux qui, amis
ou ennemis, en récompensent le plus libéralement l'usage.

Alors on préviendrait ces mouvemens désor-
donnés qui ont fait de la bourse une maison
de jeu plus dangereuse que celles placées sous
la surveillance spéciale de la police. Les capitaux flottans qui entretiennent ce jeu recevraient
un emploi productif; le taux de l'intérêt se
réglerait sur les besoins réels, et une grande
cause de ruine et d'immoralité serait anéantie.

« Fermez la porte au vice, et vous verrez
» les hommes chercher d'eux-mêmes à se dis-
» tinguer par le courage, la prudence, la
» modération, l'intégrité, l'esprit public, la
» magnanimité et la véritable sagesse. Levez un
» autre étendart, et ces mêmes hommes em-
» ploieront tous leurs efforts à réussir, comme
» d'autres auront fait, par la fourberie, les
» basses complaisances, l'artifice, les rapines,
» la prostitution de leurs talens et de leur
» éloquence. Enfin, lorsque la république est
» livrée au brigandage des hommes corrompus,
» quelques-uns de ceux-mêmes qui ont une
» bonne réputation sont tentés de prendre part
» au butin....

» Dans un pays libre, l'intérêt du prince est

» évidemment de rétablir la vertu dans ses
» prérogatives, de déposséder le vice,... etc. »
(DAVENANT, *Mémoire sur la dette publique de
l'Angleterre, en 1698.*)

7°. On comprend dans les monopoles qui nui-
sent également à la consommation et à la reproduction celui qu'exercent les bouchers privilégiés de Paris. Il est à désirer que, sauf les mesures
de police indispensables pour prévenir la fraude,
faciliter les transactions dans les marchés, et empêcher le débit des viandes de mauvaise qualité
ou corrompues, ce genre de commerce ne soit
pas assujetti plus long-temps aux entraves contre
lesquelles il s'élève des réclamations si fondées.

Lorsque le prix de la viande de boucherie ne
sera plus, dans Paris, hors de proportion avec
celui des bestiaux sur pied ; que l'artisan pourra
obtenir pour 40 centimes ce qui lui coûte 60,
et même plus, la consommation doublera. C'est
moins ce que versent les grands propriétaires
qui remplit le trésor, que la réunion des petits
tributs apportés par la masse des contribuables :
de même la consommation de la table des riches, quelque grande qu'on la suppose, a une
influence moindre que celle qui résulte de l'accroissement du modeste pot-au-feu de la classe
bien autrement nombreuse des petits marchands
et des ouvriers.

Lorsque les voitures publiques étaient rares et incommodes, on payait cher et on voyageait peu : depuis qu'elles se sont multipliées et que la concurrence a fait baisser les prix, les routes sont couvertes de voyageurs, et on n'entend pas dire que les entrepreneurs se ruinent. L'homme cupide qui spécule sur un bénéfice de dix ou quinze pour cent vend une fois, pendant que son voisin qui se contente d'un petit gain vend dix; en définitive, c'est le dernier qui s'enrichit.

Ce qu'on appelle le bon marché est donc peu à redouter pour le producteur, toutes les fois qu'il peut vendre facilement et souvent; car la richesse réelle consiste dans une consommation soutenue et dans une reproduction rapide, plutôt que dans le surhaussement des prix, qui annonce ou défaut de concurrence, et par conséquent pénurie soit réelle, soit factice, ou une avidité dont il devient nécessaire de détruire les causes.

La taxation de la viande de boucherie ne remédierait pas aux abus qui se sont introduits dans son commerce. Il y a toujours des difficultés à déterminer d'une manière positive le prix moyen. D'ailleurs, il est juste que celui qui tient à avoir une table recherchée et les morceaux appelés de premier choix fournisse la plus grande part des profits du marchand.

Celui - ci saurait toujours bien s'arranger de façon à tirer avantage de la taxe. — Un arrêt du parlement, du 12 mai 1525, nous apprend qu'à cette époque on se plaignait de ce que les bouchers, « pour éluder l'effet des régle-
» mens, donnaient jusqu'à 40 sous d'un mouton
» et 28 livres d'un bœuf, et que, sous ce pré-
» texte, ils vendaient toutes leurs chairs à pro-
» portion de ce prix-là, quoiqu'ils n'achetassent
» tous les autres moutons, et en plus grand
» nombre, qu'à 20 ou 25 sous au plus, et les
» bœufs 17 à 18 livres. » (Le marc d'argent valait alors 13 livres 5 sous.) DELAMARE, *Traité de la Police.*

De l'action des particuliers sur l'amélioration de l'agriculture.

Cette action, toujours subordonnée , d'ail-leurs, à celle plus ou moins protectrice du gouvernement, ne peut être aussi prompte. La sienne s'étend à-la-fois sur toutes les parties du royaume : celle des derniers est, généralement parlant, isolée, partielle, contrariée par mille préjugés et par mille caprices, sans autre au-torité que celle que donnent les succès, et par conséquent d'un effet plus circonscrit et plus lent.

Une institution, une loi nouvelle impriment un mouvement général et mettent en jeu tous les intérêts : lorsqu'elles les déplacent, il faut bien, bon gré mal gré, se soumettre à l'impulsion donnée, et chercher à se la rendre profitable.

On avait dit que la loi de réduction des rentes réagirait ainsi *immédiatement* au profit de l'agriculture : la nature de sa classification, la position sociale et les habitudes de la masse des rentiers s'y opposaient. Pour s'en convaincre, il a suffi de considérer ce qui s'est passé à Paris depuis deux mois. C'est, pour ainsi dire, dans son enceinte ou dans sa banlieue que se sont employés en acquisition de maisons ou de terrains pour y bâtir tous les capitaux déjà disponibles ou retirés de la trésorerie par les rentiers. On eût pu croire qu'ils préparaient des logemens pour la population entière de la France, qui devait leur rendre en loyers les intérêts que la loi de réduction leur ferait perdre. Ces spéculations réussiront à quelques-uns ; mais elles sont trop générales pour être lucratives pour tous. Les maisons s'usent et se changent en ruinés ; la terre seule se conserve et s'améliore pour celui qui sait la bien cultiver.

Toutefois, ces carrières de pierre qui s'élèvent des profondeurs de la terre au-dessus de sa surface, ces forêts qui viennent les abriter, ces métaux qui se fondent et se travaillent pour les orner, ne se déplacent pas sans imprimer un grand mouvement à la circulation des capitaux. Les provinces fournissent les matériaux et une partie des bras qui les emploient : ce mouvement leur deviendra donc utile; mais son effet sera lent et ne se fera, en quelque sorte, sentir que lorsque les spéculateurs, avertis par des désastres, reconnaîtront qu'on ne peut, sans danger, amonceler ainsi sur un seul point toutes les richesses du sol et de l'industrie.

Si les produits en blé sont proportionnés aux consommations et même les excèdent souvent, il s'en faut beaucoup que ces consommations soient judicieusement appliquées et étendues à tout ce qui peut y contribuer.

En pénétrant plus avant dans la question, nous serons amenés à ce nouveau résultat déjà pressenti,

Que les récoltes des menus grains doivent être exclusivement réservées pour l'usage des bestiaux : d'où naît la conséquence que les spéculations agricoles qui présentent des avantages incontestables sont celles qui ont leur amélioration et leur accroissement pour base; c'est, en effet, au moyen des engrais que les bestiaux procurent, qu'on peut se livrer, avec espoir de succès, à toutes les cultures secondaires.

Pour bien nourrir une grande quantité de bestiaux, il faut beaucoup de fourrages, qui s'obtiennent par les prairies naturelles, par la création de celles appelées artificielles, et en faisant un grand approvisionnement de paille, et par conséquent de litière.

Mais comment obtenir cette surabondance de paille sans étendre la culture des céréales ?

L'usage assez généralement suivi dans les environs de Paris et dans quelques autres localités répond à cette objection : *Après avoir bien fumé, on sème dru ;* on sacrifie ainsi une partie du produit en blé pour en obtenir un plus élevé en paille. En consultant les tableaux statistisques dus à M. le préfet de la Seine, on verra, en effet, que la récolte de froment n'a pas dépassé, dans l'arrondissement de Saint-Denis, en 1817, six fois et demie la semence, et cinq seulement dans celui de Sceaux. La moyenne, dans tout le département, a été de 5-62, tandis qu'il existe un grand nombre de départemens où, sans employer autant d'engrais, on recueille huit et même dix pour un ; mais aussi il y a une grande différence dans la masse des pailles. Ne détruisons pas ce qui est bien ; mais tâchons de calculer nos ensemencemens de manière à obtenir, sans diminution dans les approvisionnemens en grains, et en se réglant d'ailleurs sur la qualité de la terre, une beaucoup plus grande quantité de paille pour l'usage des bestiaux.

Il est, au reste, une observation à faire, c'est que la différence est moindre dans les produits obtenus que dans la quantité des semences employées, et peut se réduire à cet excédant, ou présenter même un résultat opposé;

Que douze hectolitres de blé ayant été employés pour ensemencer cinq hectares par le cultivateur du département de la Seine qui met en sacs un produit net de six et demi, sa récolte sera de quatre-vingt-dix hectolitres, semences comprises;

Qu'un fermier du département de l'Eure, par exemple, ait semé sur la même étendue de terrain dix hectolitres seulement, et ait recueilli huit pour un, il obtiendra également quatre-vingt-dix hectolitres : ainsi, le produit net, dans le premier cas, ne diffère réellement que de l'excédant des semences, c'est-à-dire de deux hectolitres sur quatre-vingt-dix, au lieu d'être dans le rapport de six et demi à huit. Cette légère différence est bien amplement compensée par l'excédant des pailles.

En supposant que l'ensemencement du même nombre d'hectares ait employé, dans le département de la Seine, dix-huit hectolitres (il a été, en 1817, de trois hectolitres quatre-vingt-onze par hectare) et seulement dix hectolitres pour les départemens du centre, ce qui est le taux commun, nous aurons, pour une récolte de cinq fois la semence seulement dans le département de la Seine, un produit de cent huit hectolitres, et pour celle des départemens, calculée à huit pour un, quatre-vingt-dix hectolitres : dans ce cas, l'avantage serait pour le cultivateur du département de la Seine, malgré la différence existante à son préjudice, dans la proportion de l'ensemencement à la récolte.

L'accroissement du nombre des bestiaux, et sur-tout l'amélioration des races, si nécessaires pour travailler et féconder les terres arables, ne le sont pas moins comme ressource alimentaire.

Nous avons vu qu'en évaluant la consommation de viande qui se fait en France, d'après la population prise en masse, chaque individu en recevait à peine une once et demie par jour ; mais cette répartition égale n'existe pas. Loin que tous les ménages aient la poule au pot que le bon roi leur souhaitait, une partie des habitans des villes et le plus grand nombre de ceux de la campagne consomment en pain l'équivalent de ce qui est servi en viande sur la table des riches.

Ne doit-on pas accorder quelque chose de plus à celui qui se livre à un travail opiniâtre, et ne serait-il pas à désirer que la viande, plus substantielle que le pain, entrât pour un septième dans sa nourriture ? Ce genre d'approvisionnement devrait être au moins triplé. Le célèbre et malheureux Lavoisier pensait donc avec raison que, pour assurer le bien-être des habitans de la France, la consommation de la viande devait être augmentée, même aux dépens de celle du blé. Nous resterions loin encore des Anglais ; mais le Français étant essentiellement panivore, on établirait à tort le calcul proportionnel des bestiaux d'après la quantité que l'Angleterre peut en entretenir.

Les productions et les consommations se règlent, d'ailleurs, d'après les climats : celui de l'Angleterre, habituellement humide, convient spécialement à ce genre de produit. Nos départemens du Nord jouissent, à quelques égards, du même avantage : ceux du Midi, au contraire, en sont privés. Si on excepte quelques vallons privilégiés, les trèfles, dévorés par la sécheresse, n'y sont que d'une faible ressource. La culture des luzernes et des sainfoins, dont les racines pénètrent à une grande profondeur, est circonscrite par la nature même de leur végétation. Elles occupent, en outre, trop long-temps la terre pour se prêter à une rotation régulière et rapide des récoltes. D'autres productions précieuses, étrangères aux régions septentrionales, les remplacent, et ne pourraient être négligées sans tarir une source féconde de richesses. Il serait, d'après cela, convenable de substituer, en partie, dans les départemens méridionaux, et même dans ceux du centre les moins fertiles, aux prairies pérennes des plantes annuelles, qui s'associassent, sans dérangement, au système d'assolement que ces départemens ont dû préférer.

Abstraction faite des récoltes sarclées, réservées aux cultures déjà perfectionnées et favorisées par une population nombreuse, ils ont le trèfle incarnat ou de Roussillon, qui réussit également bien au centre du royaume, et qui n'est pas aussi répandu qu'il devrait l'être. Ils ont les vesces et autres légumineuses de la même famille ; enfin ils trouveraient une ressource importante et beaucoup trop négligée *dans les céréales d'automne fauchées en vert.*

Ce n'est pas sans craindre de blesser le respect religieux dans lequel les cultivateurs français ont été élevés pour cette base fondamentale de leur subsistance, qu'on se hasarde à proposer de mettre la faux dans des champs de blé avant la maturité des grains ; mais n'y a-t-il pas tout-à-la-fois de l'exagération et de l'irréflexion dans le sentiment qui porte, presque par-tout, les habitans de la campagne à regarder cette spécialité dans l'emploi d'une petite partie des céréales comme un sacrilége? Certes, il mériterait le châtiment le plus rigoureux celui qui, sous prétexte de nourrir des bestiaux, préparerait la disette. On a défini le droit de propriété celui *d'user et d'abuser;* toutefois, des bornes doivent être imposées à l'abus, et le droit cesse lorsqu'il peut devenir cause de dommages pour autrui, et, à plus forte raison, détruire les élémens de l'existence. A Dieu ne plaise que ce soit là notre pensée !

Nous voulons dire que, sans rien enlever à ce qui, dans la culture des céréales, est destiné à la nourriture de l'homme; sans toucher à celles qui forment la rotation des récoltes et qui entrent dans le calcul des produits annuels et réguliers, on peut utiliser une partie des terres laissées en jachère en y semant, en automne, soit cumulativement avec des vesces, des jarosses, des colzas, des rabettes, du trèfle de Roussillon, soit isolément, *de l'escourgeon ou orge d'hiver et sur-tout du seigle,* pour être fauchés au moment où l'épi sort du fourreau, et procurer à toutes les espèces de bestiaux une nourriture aussi saine qu'abondante à la fin de l'automne, ou, mieux encore, au commencement du printemps, époque de l'année à laquelle les fourrages deviennent rares. Cette méthode, pratiquée sur quelques points du royaume, offre aux nourrisseurs, dans les environs de Paris, où elle est généralement adoptée, une ressource, sans laquelle il leur serait impossible de fournir à l'approvisionnement en lait de la capitale. Les criblures, les grains de peu de qualité peuvent être employés à cet usage; seulement il est de nécessité absolue de bien fumer et de semer très-épais : le but serait manqué sans cette double précaution. Il suffirait de consacrer avec intelligence, dans chaque exploitation, selon son étendue, un ou deux hectares de terre à ce genre de produit. S'il était possible que, dans une année d'abondance, on mît ainsi à profit, sur tous les points de la France une portion de l'excédant des récoltes, on serait étonné des améliorations et des profits durables dont cette simple précaution, annuellement continuée, deviendrait la source.

Aucune autre ne pourrait être d'un succès aussi certain, parce qu'elle est applicable à toutes les localités où les céréales se cultivent, et que, dans les cantons peu fertiles, les produits les

(64)

plus satisfaisans sont presque toujours attachés aux ensemencemens faits en automne ; ceux du printemps sont bien plus casuels.

On répondra : Vous parlez d'améliorer les races des bestiaux et même d'en accroître le nombre ; cependant ils sont à vil prix dans les marchés. Le cultivateur, écrasé sous le poids des charges publiques et des non-valeurs, est hors d'état d'entreprendre des améliorations : d'ailleurs, à quoi le mèneraient-elles , sinon à abaisser encore le prix de ses productions , puisque le succès de ses efforts en multiplie-rait le nombre ?

Ces objections sont plus spécieuses que so-lides.

D'abord , nous ne proposons d'étendre la culture des céréales , considérées comme base de la nourriture de l'homme, qu'en raison de l'accroissement qui se fera remarquer dans la population.

En second lieu, on ne contestera pas que la quantité des substances alimentaires fournies par les bestiaux ne soit hors de proportion avec les besoins réels, et qu'il est à souhaiter que la classe qui travaille, et celle non moins nombreuse des enfans et des vieillards, re-çoivent une nourriture propre à réparer ou à ranimer leurs forces. Garnissez les foires, les marchés d'animaux décharnés, et cela n'est que trop commun, ou ils ne se vendront pas, ou vous serez contraint de les livrer au prix le plus vil. Ces bestiaux, mal nourris, mal soignés, abandonnés presque toute l'année dans les friches ou les bruyères, ont surchargé vos étables sans y laisser, pour ainsi dire, d'engrais pour vos champs : ils ont été, cela est certain, plus onéreux qu'utiles.

Qu'à côté de vous un propriétaire intelligent ait, par des procédés que vous pouviez imiter, entretenu ses troupeaux dans l'abondance ; qu'ils aient plus séjourné dans les étables qu'aux champs ; qu'il ait augmenté ses engrais, et par ses engrais ses récoltes, il trouvera facilement des acheteurs qui récompenseront son industrie. Il pourra vendre à des prix modiques ; mais ses produits seront recherchés, ils seront doubles, triples des vôtres, et couvriront largement ses avances.

C'est parce que les prix sont bas qu'il faut les doubler, en doublant les produits. Si vous récoltez cent hectolitres de blé sur un champ égal en étendue et en qualité à celui de votre voisin qui n'en récolte que cinquante, la perte est entière de son côté. Une circonstance imprévue amène-t-elle une hausse? Vous vous enrichissez, tandis qu'il reste dans la gêne et s'appauvrit.

Pourquoi, chaque année, les boucheries des grandes villes sont-elles, en partie, fournies par l'étranger, malgré les droits mis à l'importation? Cela vient moins encore de l'insuffisance des bestiaux, que de ce qu'en beaucoup de lieux ils sont présentés trop maigres aux marchés pour soutenir la concurrence. Il s'agit donc sur-tout de choisir les plus belles races, et de les améliorer par une nourriture plus abondante. Les Anglais, qui nous ont devancés dans le perfectionnement de l'économie agricole, doivent aussi être imités dans leur usage de ne pas attendre l'âge de la vieillesse pour l'engrais. D'après Sauvegrain, les bœufs sont livrés, au plus tôt, à l'âge de huit ans, aux bouchers de Paris. Beaucoup de cultivateurs les gardent jusqu'à douze à treize ans, et quelquefois jusqu'à quinze : c'est trop. Dans les contrées où ils sont soumis au joug, les mutations ne doivent pas être, à la vérité, aussi fréquentes que là où on élève pour la seule consommation ; mais il y aurait plus d'avantage que d'inconvénient à réduire le temps du travail à trois ou quatre ans : ainsi, dès l'âge de sept à huit ans, ils seraient remplacés.

Ces mutations plus rapides ne peuvent d'ailleurs avoir lieu qu'avec précaution, et en commençant par multiplier les élèves ; car autrement on arriverait bientôt à n'avoir plus un nombre de bœufs de sept à huit ans suffisant pour les besoins annuels.

Sauvegrain, que nous venons de citer, observait, avec raison, que pour qu'il n'y eût pas d'interruption dans le service des boucheries, il fallait que la quantité des élèves surpassât annuellement celle détruite par la consommation, parce que les maladies, les épizooties, les sécheresses, doivent nécessairement en diminuer le nombre. Il avait calculé que si ces diverses causes enlevaient seulement deux individus sur cent, par année, en sus de la proportion moyenne, cette perte se trouverait être, sur le contingent de la huitième année, de cent vingt et un mille six cent quatre-vingts bœufs et vaches ; ce qui diminuerait d'autant les ressources annuelles.

Nous n'insisterons pas sur l'augmentation du nombre des moutons, parce qu'il doit se calculer et se régler plutôt sur les demandes des manufactures que sur la consommation. Une partie de la population des campagnes a du dégoût pour cette espèce de viande, et ce préjugé absurde sera difficilement détruit : il est d'autant plus fâcheux, que les moutons présenteraient une ressource commode pour la nourriture du cultivateur, qui pourrait saler ce qu'il n'aurait pas à consommer dans la semaine.

Les moutons, au reste, ne conviennent pas à toutes les exploitations ; ils sont presque exclus de la petite culture : on peut, dès-lors, les considérer comme un objet de spéculation très-important, sans doute, mais cependant local ; spéculation qui n'offrira peut-être pas de long-temps les énormes bénéfices qu'en ont retirés pendant quinze ans, grâce à l'introduction des mérinos, les fermiers de plusieurs départemens.

Nous sortirions aussi de notre cadre en développant les avantages que les propriétaires peuvent attendre de l'élève des chevaux : ils sont nombreux et incontestables. Cette branche de l'économie rurale n'est pas moins intéressante que celle qui a pour objet l'amélioration des races bovines : se fondant à-peu-près sur les mêmes élémens, il suffit de l'indiquer.

Quant aux cultures que nous avons appelées secondaires, soit qu'elles se rapportent aux jouissances personnelles du cultivateur, soit aux besoins des manufactures et du commerce, elles ne pourront que réussir lorsque les terres qui leur seront consacrées recevront des labours bien exécutés et des engrais abondans (1). Nous avons voulu montrer le but, et non pas développer par quels procédés il peut être atteint. Cette tâche a été remplie par ceux qui ont traité, *ex professo*, des procédés variés de la culture. Ce que nous ne pouvons omettre, c'est de faire ressortir l'indispensable nécessité de substituer des constructions nouvelles aux repaires aussi incommodes que malsains qui, dans une partie de la France, forment encore les seuls abris des cultivateurs et de leurs bestiaux.

L'état déplorable des bâtimens ruraux est, en effet, après la privation des débouchés, le plus grand obstacle aux améliorations agricoles dans les contrées appelées de *petite culture*, où les terres sont livrées à des colons qui les exploitent à moitié fruit.

Là, le métayer, étranger, au centre de la France, aux premiers élémens des arts, ne con-

---

(1) « C'est pour le fermier anglais un avantage inappréciable que la consommation des bestiaux soit égale à celle des grains : cette consommation le met à portée d'appliquer ses terres aux productions qui leur conviennent le mieux. Chaque récolte, loin d'épuiser la terre, la prépare à la récolte suivante. Son système de culture, loin d'appauvrir un champ, l'enrichit, le féconde et lui conserve toute sa première vigueur. » (ARTHUR YOUNG *Arithmétique politique.*)

naît, ne veut connaître que l'araire, et s'appuie exclusivement, dans toutes les saisons, dans tous les sols, sur cet instrument grossier, pour labourer et ensemencer ses champs. Rarement on trouve, à côté de son obscur réduit, un logement commode pour recevoir le maître, ou pour décider un fermier accoutumé aux aisances de la vie à y transporter, avec sa famille, les instrumens d'une culture perfectionnée.

Là, d'anciennes habitudes, à peine affaiblies par quelques bons exemples, éloignent le propriétaire de réparer ou de reconstruire ses masures; il met sa vanité, non à avoir une propriété bien tenue, mais à la composer d'un grand nombre d'arpens. Ses économies sont consacrées à ajouter un champ à un autre, non à multiplier les produits du premier. Cette manie, car c'en est une, s'excuse pas sa position. A quoi lui eût servi de surcharger ses greniers de denrées qui ne trouvaient pas d'acheteurs? Il préférait étendre ses propriétés, dans l'attente d'un meilleur avenir. Par-tout où des communications faciles se sont ouvertes, ces heureuses localités forment un contraste frappant avec celles où nulle industrie n'a pénétré.

Nous avons dit par quels bienfaits le gouvernement pouvait porter cette industrie sur tous les points du royaume. La tâche des propriétaires est de la féconder, en introduisant sur leurs domaines, lorsqu'ils ne peuvent pas en diriger par eux-mêmes la culture, l'usage des baux à long terme, et en s'aidant, au besoin, du secours des capitalistes pour améliorer et mieux disposer leurs bâtimens ruraux. S'ils veulent préparer à leurs enfans un heureux avenir, ils doivent donc s'astreindre à quelques sacrifices momentanés. Qu'ils laissent au joueur le profit rapide et tous ses hasards. La fortune qui le séduit et l'excite n'est pas celle qui protège le cultivateur laborieux : l'une, vive et capricieuse aventurière, se fait un jeu de multiplier les désastres ; l'autre, compagne de la sagesse, est avare de ses dons, et récompense lentement, mais sûrement, d'opiniâtres efforts.

Le fermier intelligent et actif qui se charge de mettre en valeur une terre depuis long-temps négligée, ou d'exécuter des défrichemens pénibles, dépense plus qu'il ne récolte dans les premières années de sa gestion. Il faut qu'après avoir recouvré ses avances, il soit libéralement payé de ses peines par une longue jouissance. Dix-huit ans est le terme le plus court qu'on puisse lui prescrire, et il serait mieux encore de lui accorder vingt-quatre ou vingt-sept ans de durée. A l'expiration de cette période, pendant laquelle le fermier peut être d'ailleurs assujetti à une redevance calculée sur la progression ascendante de ses bénéfices, les variations qui s'établissent dans la valeur vénale des immeubles et de leurs produits nécessitent un contrat nouveau entre lui et le bailleur.

La France agricole n'aura rien à envier à l'Angleterre, lorsqu'à l'introduction générale de ce système réparateur se réunira un goût plus prononcé pour la campagne. L'aisance répandue dans la masse de la nation a accoutumé aux jouissances qui s'attachent à une habitation commode. Ceux qui ont spéculé sur l'achat et la revente des propriétés rurales ont beaucoup détruit; mais personne n'a encore entrepris de relever les ruines dont ces démolisseurs ont laissé par-tout des traces. La répartition moins inégale des fortunes, nos institutions, nos habitudes nouvelles, exigent que ces ruines se changent en maisons peu spacieuses, mais bien distribuées et de bon goût, si communes aujourd'hui dans les villes, et dont on s'est fait un besoin : leur extrême rareté dans les campagnes éloignées de la capitale a peut-être plus contribué que toute autre cause à nous empêcher d'imiter l'exemple de nos voisins. Chez eux, ce qu'on appelle le *pied-à-terre* est réservé pour la ville : c'est dans leurs maisons des champs que les plus riches étalent un luxe productif, que tous emploient, en utiles améliorations, leur superflu ou leurs économies.

Le nombre des propriétaires étant en Angleterre beaucoup plus restreint qu'en France, pendant qu'une portion laborieuse et éclairée de la population verse ses capitaux dans le commerce, une autre consacre les siens à des entreprises agricoles, et ne rougit pas de devenir le tenancier de celui dont elle est l'égale par l'éducation, les relations sociales et la fortune.

Ainsi se reportent dans les champs, et s'étendent aux points les plus reculés de l'heureuse Albion, les méthodes perfectionnées, dont la connaissance est encore si rarement alliée à la pratique de nos cultivateurs.

Lorsque les propriétaires habiteront leurs terres une partie de l'année, la consommation des produits du sol sera beaucoup plus rapide. Celui qui ne peut dépenser que 12,000 francs à Paris, en y demeurant toute l'année, est obligé de mettre la plus grande économie dans le service de sa table ; il paie une volaille cinq à six francs : c'est le prix de six, au moins, à la campagne, où il peut vivre et faire vivre les siens avec une sorte de profusion, en réservant même une partie de son revenu pour se procurer, pendant les mois d'hiver, des jouissances qu'il était forcé de se refuser lorsqu'il ne quittait pas la capitale.

Paris ne perdra rien à ce changement dans les habitudes, et les provinces y gagneront beaucoup, par l'intelligence et les soins que l'on mettra, en tous lieux, à remplacer les productions qu'absorbera l'approvisionnement des habitations champêtres, embellies et vivifiées.

L'auteur des Remarques sur les avantages et les désavantages de la France et de la Grande-Bretagne s'exprimait ainsi en 1752 : « On » peut assurer que la distribution des richesses » est mal ordonnée dans un état, quand on » voit les propriétaires de terres occuper à » la ville des palais somptueux, tandis que » leurs châteaux, leurs fermes, leurs villages, » tombent en ruine ; quand les denrées sont » sans consommateurs dans les provinces, parce » qu'on ne vit dans ses terres que le temps » qu'il faut pour recueillir de quoi vivre à la » ville. »

« Quelles riches et belles conquêtes (écri- » vait dernièrement un Anglais) (1) il reste à » faire aux Français sur leur propre territoire ! » Il y a assez de lumières et de capitaux en

––––––––––

(1) Voy. *Annales de l'agriculture française*, avril 1824.

» France pour les faire ces conquêtes; mais,
» pour obtenir de leur sol tous les trésors
» qu'il tient en réserve, il faut que leurs pro-
» priétaires, à l'instar des nôtres, se résignent
» au bonheur de passer leur vie sur leurs pro-
» priétés. »

Rendons désormais ces sévères, mais justes réflexions, sans application : si elles n'ont pas cessé d'être vraies pendant un intervalle de soixante-seize ans, ne méconnaissons pas, du moins, plus long-temps les avantages de notre position. Lorsque toutes les contrées de l'Europe tendent à se suffire à elles-mêmes, quelle autre est mieux appelée que notre belle France à concentrer dans son sein tous les élémens d'une prospérité durable ? Son heureux climat ne lui assure-t-il pas presque exclusivement le privilége de réunir les produits du Nord à ceux du Midi ?

Les états dont le négoce faisait la seule ressource ont pu étonner le monde par la hardiesse de leurs entreprises et l'éblouir par leurs richesses; mais déshérités par les nations en même temps commerçantes, manufacturières et agricoles, auxquelles ils ont frayé le chemin, que leur reste-t-il?.... Des palais, dont les vastes débris marqueront, seuls, leur place, et apprendront aux générations futures les vicis situdes des destinées humaines. Les splendeurs de Venise, de Gênes ont disparu sans espoir de retour, tandis que l'or de leurs navigateurs, échangé contre des marbres stériles, fécondait les champs des peuples agriculteurs. La Hollande doit autant ce qu'elle conserve de son ancienne prospérité au territoire que le génie de ses premiers habitans a fait surgir du sein des flots, qu'à ses entrepôts et à ses comptoirs.

Le commerce extérieur le plus actif ne peut, dans ses résultats, entrer en comparaison avec celui qui se fait des productions du sol et de l'industrie par un grand peuple réuni sous les mêmes lois. Vingt années d'une guerre ruineuse et cruelle, pendant lesquelles nous avons été, en quelque sorte, réduits à nos seules ressources intérieures, l'ont suffisamment prouvé : ces ressources se sont agrandies par nos privations mêmes.

Sans doute, les peuples du Nouveau-Monde, qui se créent un gouvernement et une patrie, auront long-temps encore à envier à la vieille Europe ses manufactures et ses arts; mais, à la longue, ils deviendront nos rivaux. L'Angleterre elle-même, malgré tous les avantages de sa position, verra insensiblement détourner, en partie, les sources exotiques de sa prospérité; car, en définitive, les demandes se restreindront aux objets que le sol refusera. Heureuses alors les nations qui auront plus à donner qu'à recevoir !

Il dépend de la France de se placer au premier rang, et c'est à ses industrieux habitans à le lui conserver, en s'attachant à la culture des productions dont son climat lui assure le privilége.

Pendant long-temps, l'intérêt élevé, retiré des placemens fixes dans les fonds publics, a présenté, il est vrai, un appât auquel il était difficile de résister : maintenant que cet appât est réservé pour les spéculations plus avantureuses, les pères de famille doivent tourner leurs regards vers le seul moyen qui leur reste de préserver de tout risque le patrimoine de leurs enfans.

Si on mettait en comparaison, d'un côté, le tableau de ceux qui, il y a un siècle, avaient fondé toutes leurs espérances sur les effets publics, ou sur le commerce; de l'autre, celui des propriétaires de terres, on serait épouvanté du sort presque général des premiers. Ceux-ci, après avoir jeté un éclat passager, ont disparu pour toujours, ou n'ont laissé après eux que désespoir et misère; les autres, en grand nombre, ont échappé au naufrage. On citerait a peine, parmi les négocians ou les financiers, dix familles séculaires. On compterait par centaines les héritiers des possesseurs fonciers qui ont conservé l'existence honorable de leurs pères en dépit de nos crises politiques.

En admettant que le retour des désastres éprouvés successivement par les rentiers depuis l'application du système de Law est impossible, le capital qu'ils placent en rentes ne peut, dans l'espace d'un siècle, recevoir le moindre accroissement; s'il est remboursé, la condition la plus favorable sera de l'être au pair, calculé d'après celle du placement.

Le propriétaire le moins soigneux peut, au contraire, être certain que son capital suivra, dans son accroissement, les proportions qui s'établissent et se succèdent dans le prix des choses vénales. Ce capital pourra être, à la vérité, sensiblement accru, sans qu'il soit, dans la réalité beaucoup plus riche; mais, au moins, il ne s'appauvrira pas, et cette supposition est la plus défavorable.

Depuis la découverte de l'Amérique jusqu'au commencement du dix-neuvième siècle, le numéraire en circulation en Europe a, suivant M. de Humboldt, doublé tous les cent ans. Par suite de cette augmentation, le prix des denrées, des fermages, des loyers, etc., a également doublé au bout de chaque siècle , et l'augmentation du revenu des terres est, généralement parlant, d'un pour cent par année.

Quelques circonstances peuvent bien déranger momentanément ce calcul : par exemple, depuis que les mines d'Amérique produisent moins , les Anglais ont importé plus de matière métallique dans l'Inde, pour y encourager plusieurs genres de culture. Il a fallu payer ces produits avec des métaux enlevés au commerce européen ; mais la proportion sera au moins rétablie si les capitalistes qui spéculent, en ce moment, à grands frais, sur l'extraction des mines d'or du Pérou, réussissent dans leur entreprise. En outre, les valeurs métalliques ont un puissant et commode auxiliaire dans les billets des banques publiques.

Aussi est-il constant que le prix des fermages a doublé en Angleterre depuis 1789, et que la hausse n'a pas été moins rapide dans les environs de Paris et dans un assez grand nombre de nos départemens. La valeur des immeubles s'y est accrue dans des proportions plus fortes encore, abstraction faite des ventes, qui , étant en dehors de toutes les hypothèses raisonnables, se rattachent à des spéculations particulières plus ou moins bien calculées.

Nous sommes donc fondés, par les faits et par les autorités les plus respectables, à dire qu'*aucun placement ne présente plus de solidité et un résultat définitif plus favorable que celui qui est fait en immeubles territoriaux.*

III.

DES MOYENS D'IMPRIMER UN MOUVEMENT D'ACCÉLÉRATION A LA PROSPÉRITÉ AGRICOLE DE LA FRANCE.

Nous avons dit que l'action des particuliers sur l'amélioration de l'agriculture manquait d'ensemble et de rapidité ; c'est à les lui procurer qu'il convient de s'attacher.

On y parviendra en créant des associations agricoles pratiques, pouvant réunir de nombreux capitaux, disposer d'une grande étendue de terrain, et suivre, dans leurs opérations, des plans fixes et raisonnés.

On a vu quelques personnes acheter en commun et mettre en lambeaux, pour les revendre, de grandes propriétés ; mais aucune, du moins depuis long-temps (1), n'a essayé de

______

(1) Dans le dernier siècle, des Canadiens furent attirés en Poitou pour y défricher une vaste étendue de bruyères, entre Montmorillon, Angles et Lussac.

En 1765, M. Bruté de Rémur essaya aussi de faire cultiver, en Bretagne, les landes de Belle-Ile.

Ces opérations échouèrent, parce qu'elles avaient été

former des colonies au sein même du royaume. Ce serait cependant une noble tâche.

Elle a été entreprise dans celui des Pays-Bas, et les succès déjà obtenus par la compagnie de Fredericks-Oord, instituée depuis 1818, sont d'un bon augure pour celles qui se formeront parmi nous. Dès la fin de 1822, cette société, qui compte au moins vingt-quatre mille sous-cripteurs, avait réuni dans ses colonies plus de deux mille cinq cents individus orphelins indigens, enfans trouvés ou abandonnés ; elle venait de contracter avec le gouvernement pour le placement de quatre mille autres enfans, et pour celui de cinq cents ménages pauvres.

Des institutions de même espèce ont été fondées dans les États Autrichiens, et à Fre-derichs-Felde, près de Berlin ; d'autres vont l'être dans le Wurtemberg, en Danemarck, etc.

Ces actes de bienfaisance s'associeront fa-cilement à des opérations calculées de ma-

---

aussi mal conçues qu'elles furent mal conduites. Les capitaux disponibles s'absorbèrent en constructions des bâtimens nécessaires à de vastes exploitations et en achats de bestiaux, avant d'avoir des fourrages pour les nourrir. Il fallait, au contraire, commencer par des essais de dé-frichemens, et proportionner successivement les bes-tiaux et les bâtimens aux besoins déjà éprouvés.

nière à assurer aux actionnaires un placement avantageux de leurs capitaux , si le gouvernement leur accorde son appui , et il est de son intérêt de ne pas le refuser. La société de Fredericks-Oord a réduit sur-le-champ la dépense qui était à la charge du gouvernement pour l'entretien des pauvres , des orphelins et des enfans trouvés , de six millions de florins à quatre millions ; en même temps elle lui a donné l'assurance que , dans vingt ans , toute cette dépense serait épargnée.

Sans doute , on ne doit pas s'attendre à reproduire en France un établissement exactement calqué sur celui qui existe en Hollande , une foule de considérations y mettraient obstacle ; mais on peut , en le modifiant , faire encore beaucoup de bien. Une tendance salutaire se fait remarquer par - tout aujourd'hui vers l'amélioration du sort du pauvre , par les ressources qu'offre l'agriculture ; nous ne voudrons pas rester , à cet égard , en arrière des autres nations , et laisser sans emploi nos immenses terres incultes , et les jeunes bras que nous pouvons façonner au travail.

C'est en partie dans de telles intentions que des projets ont été plus d'une fois conçus , et des demandes faites pour la création de fermes expérimentales , où l'application des meilleures théories et des pratiques reconnues les plus parfaites fût, en quelque sorte, démontrée sur le terrain.

Les essais de ce genre ont été rarement heureux, et cela ne peut guère arriver autrement lorsqu'ils n'ont pas, comme les haras, les pépinières, ou comme à Rambouillet, un but spécial et unique. La vacherie accolée aux bergeries de cet établissement n'a favorisé en rien l'amélioration des races bovines, tandis qu'on eût obtenu des succès remarquables en réunissant les plus belles au centre des départemens qui emploient les bœufs au labourage, et en y distribuant annuellement des taureaux et des génisses de choix aux cultivateurs les plus zélés.

De même, cette spécialité est indispensable pour assurer le perfectionnement des cultures. Aussi, les expériences faites dans un seul lieu sur un grand nombre de végétaux, ou sur une grande variété d'instrumens aratoires, ont-elles été rarement concluantes.

Les fermes expérimentales, montées presque toujours avec luxe, dirigées et conduites sans économie, ne peuvent, d'ailleurs, offrir des modèles à suivre pour les exploitations particulières. Le but qui détermine à créer ces fermes peut être presque toujours atteint plus complétement, et avec moins de dépense par des distributions de prix. On en jugera par l'heureuse influence des sociétés d'agriculture, et sur-tout de celle d'encouragement.

Ces sociétés, qui ne disposent cependant que de sommes modiques, ont rendu beaucoup de services. Ils eussent été plus signalés encore, si les récompenses n'avaient jamais été accordées qu'à des efforts et à des succès durables. Le charlatanisme les a quelquefois usurpées au préjudice du cultivateur modeste et laborieux, qui n'a pas cru devoir se soumettre à la formalité très-gênante et souvent illusoire des procès-verbaux exigés. Il y a dans ces exigences un vice auquel il convient de chercher à remédier.

Nous ne proscrivons pas les expériences; nous croyons, au contraire, que le gouvernement doit s'emparer de toutes celles qui, n'étant pas immédiatement productives, seraient onéreuses pour les particuliers; mais ces expériences peuvent se suivre sans former des établissemens permanens. Quelques exemples expliqueront mieux notre pensée.

Il serait d'une haute importance pour nous affranchir d'une partie des tributs payés à l'étranger, d'acclimater le coton herbacé, le *phormium tenax*, ou lin de la Nouvelle-Zélande, l'arbre à thé, etc. , etc. Des essais ont déjà été faits , mais sans assez de suite pour assurer la conquête de ces plantes : elle sera le prix d'une grande persévérance. Combien de végétaux exotiques renfermés d'abord dans des serres et traités comme des plantes délicates , ont réussi plus tard en pleine terre , et font aujourd'hui l'ornement de nos jardins ? Déjà la graine du *phormium* a mûri en France ; les tentatives faites dans quelques cantons pour y introduire la culture du coton ont aussi laissé des espérances.

Le gouvernement pourrait affermer successivement et temporairement un petit nombre d'arpens de terre, dans les localités jugées les plus convenables à l'introduction de ces végétaux , et en confier le soin à des hommes intelligens, qui se consacreraient à leur culture, et dont les observations seraient soigneusement enregistrées. On étendrait , selon les espèces, les expériences du midi au nord , ou du nord au midi ; lorsque le succès ne serait plus douteux , des distributions de graines ou de plants seraient faites aux cultivateurs dignes de cette distinction.

Dans beaucoup de départemens , on cultive des espèces de vigne dont le raisin a peu de qualité. Il appartiendrait encore à une administration paternelle et prévoyante de transporter au milieu des vignobles à améliorer, des cépages choisis entre ceux qui donnent le meilleur vin, de les multiplier et de les distribuer ensuite aux vignerons. Des bienfaits divers se répandraient ainsi sur tous les points du royaume.

Quant au perfectionnement des animaux domestiques, il peut s'opérer par un moyen bien simple et qui, sans être très-dispendieux, donnerait au gouvernement une grande réputation de munificence.

Il paierait très-libéralement aux propriétaires les animaux présentés par eux au concours, qui auraient été jugés dignes des prix et des mentions honorables. Les plus distingués deviendraient le partage des arrondissemens où le perfectionnement serait moins avancé que dans les lieux d'achat, mais cependant déjà sensible. La répartition des moins beaux s'effectuerait entre les cantons qui feraient les premiers pas vers l'amélioration. Les récompenses et les encouragemens se proportionneraient ainsi au succès et au zèle ; ils seraient par-tout excités, et on arriverait peu-à-peu à faire disparaître les races abâtardies, dont l'entretien est plus à charge qu'à profit.

Cinq à six cent mille francs consacrés annuellement à de tels encouragemens , ou à des expériences de la nature de celles que nous avons indiquées , seraient placés par le gouvernement à haut intérêt ; car ses revenus s'accroissent par la prospérité des cultivateurs.

C'est aux plus éclairés d'entre eux que serait abandonné le soin d'instituer des *fermes modèles ou exemplaires* , à l'instar de celle qui s'élève à Roville , département de la Meurthe. Cet établissement ne peut manquer de prospérer sous la direction d'un agriculteur aussi recommandable et aussi instruit que M. *Mathieu de Dombasle.* L'intérêt des actionnaires y fera rejeter promptement les méthodes vicieuses, et les cultures ou trop dispendieuses, ou improductives ; les pratiques qui seront préférées inspireront confiance au cultivateur : naturellement défiant , souvent il rejette les conseils , parce qu'il craint d'être trompé par celui qui les donne ; mais lorsque la réussite des méthodes nouvelles lui est entièrement démontrée , son intérêt le porte à en faire l'essai. Il s'établira donc, dans sa pensée et dans son estime, une différence entre les résultats de la culture adoptée pour une ferme expérimentale, montée aux frais du gouvernement , et de celle dirigée par des actionnaires qui , comme lui, doivent envisager les produits non d'après leur variété ou leur supériorité, mais sur le bénéfice net qu'ils procurent. De tels établissemens ne peuvent être trop encouragés.

Leur multiplication contribuera à répandre parmi ceux qui se chargent des opérations manuelles de la culture l'usage des procédés adoptés par les praticiens éclairés. Il n'y a rien de plus à faire pour la génération qui a dépassé l'âge de l'enseignement. Quant à celle qui la suit, c'est sur-tout au gouvernement à lui procurer des avantages dont jusqu'ici les enfans des simples cultivateurs ont été privés.

Ils seront suffisamment préparés à bien remplir leur destination future, lorsque, dans les écoles primaires, on aura mis entre leurs mains, même pour apprendre à lire, des livres qui exposeront avec autant de brièveté que de clarté (en remplaçant le langage et l'appareil de la science par des explications mises à portée de leur intelligence), le but et les effets des labours et des engrais, l'action de l'air et de la lumière, les principes qui doivent diriger dans la construction et dans l'emploi de la charrue et des autres instrumens aratoires; comment les terres se subdivisent; pourquoi leur culture doit se régler sur leur qualité ou primitive, ou modifiée par des amendemens; sur les circonstances relatives au climat, à leur exposition, à la profondeur de la couche cultivable, enfin à la nature des plantes qu'elles reçoivent ; des livres où on leur fera connaître quels soins exigent les animaux domestiques, quels services on peut en attendre, et combien il est nécessaire de préférer les espèces, et dans chaque espèce les races qui peuvent procurer le plus d'agrément et de profit par leur dépouille ou par leur travail.

Ces notions générales inculqueront aux enfans des idées justes, et les accoutumeront à l'observation et à la réflexion. Lorsqu'une charrue ou un troupeau leur sera confié, l'application de leurs leçons viendra d'elle-même se présenter à leur pensée ; car c'est parce que rien ne rompt, pour le laboureur dans son enfance, la chaîne d'idées, ou plutôt de préjugés et de pratiques vicieuses dont il hérite de ses pères, qu'il est si difficile de changer plus tard ses habitudes. Ceux qui ayant quitté, jeunes, le toit paternel, ont reçu d'autres impressions, se décident plus facilement à y renoncer, et cela vient à l'appui de notre remarque.

On ajouterait au bienfait, en entremêlant cette instruction élémentaire des préceptes indispensables pour former des hommes religieux; et combien cette tâche serait belle et facile, lorsqu'on aurait sans cesse à les entretenir des merveilles de la création! Il y aurait alors réellement de l'instruction et de la religion dans les campagnes, tandis qu'on n'y trouve le plus souvent aujourd'hui qu'ignorance grossière et superstition. Quelques individus pourraient perdre à ce changement ; mais la morale et la société y gagneraient beaucoup.

On entend répéter fréquemment que le nombre des jeunes gens instruits est devenu trop considérable ; qu'il n'y a plus assez d'états pour tous : on en tire la conclusion que l'instruction trop répandue est inutile ou dangereuse ; c'est une étrange erreur. Lorsque cette instruction deviendra plus générale encore, on cessera de croire que les étudians qui sortent des colléges doivent tous devenir, ou juges ou avocats, ou médecins ou notaires ; on reconnaîtra qu'il faut aussi des connaissances premières pour être mécanicien habile, pour se faire un nom dans les arts, et pour bien cultiver son champ ou celui des autres.

On verra alors à la tête des exploitations rurales des hommes instruits, bien élevés, laborieux, qui allieront aux travaux rustiques les habitudes sociales des citadins, et qui trouveront dans le séjour tranquille de leur maison des champs, et au sein de leur famille, le repos et le bonheur qu'ils eussent vainement cherchés dans les villes.

Dès que l'agriculture sera honorée et protégée comme elle devrait l'être, ces heureux changemens s'introduiront insensiblement. Nous sommes dans un état transitoire, dont l'influence s'étend aux hommes comme aux choses. Rien n'est précisément à sa place, mais tout tend à la prendre ; l'équilibre se rétablira entièrement dès qu'il y aura en tous lieux sécurité et protection pour tous. Celui qui se voue à l'agriculture est ami du repos par sentiment et par intérêt ; il respecte les lois et leur obéit scrupuleusement. Ses opinions politiques ou religieuses sont inoffensives ; mais il tient à ce qu'elles soient respectées. Il fuit ceux qui, pour *faire du zèle*, exigent de lui plus que la loi ne commande ; il abandonne ses pénates pour conserver son indépendance. Voilà pourquoi tant de propriétaires sont venus chercher successivement dans la capitale, sous la protection immédiate du gouvernement, la tranquillité qu'ils ne trouvaient plus dans les petites villes ou dans les campagnes. Le remède à ce mal est facile à appliquer, et sans doute rien ne sera négligé pour soustraire, enfin, les hommes tranquilles et honnêtes à la tyrannie de ceux qui, arborant tour-à-tour

les couleurs les plus opposées, se font un mé-
rite, trop souvent récompensé, de la persécu-
tion, de la délation et de l'intolérance.

Ces considérations ramènent naturellement
aux associations agricoles, qui peuvent, seules,
participer d'une manière efficace avec le gouvernement au bonheur d'améliorer le sort
des habitans des campagnes. L'influence d'un
propriétaire isolé est toujours très-circonscrite;
mais lorsqu'une communauté d'intérêts s'établit entre des actionnaires disposant de capitaux considérables, l'attention publique étant
fortement excitée par leurs entreprises, la concurrence à y prendre part multiplie les chances
de succès.

S'agit-il, par exemple, de faire prévaloir le
système des baux à long terme : vainement,
peut-être, un propriétaire cherchera-t-il, dans
un canton où ces transactions sont insolites,
un fermier en qui il puisse placer sa confiance;
si, au contraire, un grand nombre de fermages sont à stipuler chaque année, et si sur-
tout des encouragemens se distribuent aux plus
zélés et aux plus habiles, une nouvelle carrière
sera ouverte à l'industrie, et il y aura à choisir entre ceux qui se présenteront pour la
parcourir. Alors on verra des hommes joi-
gnant à de l'instruction le ton et les manières

de la bonne compagnie préférer à une vie oisive ou dissipée les occupations champêtres, et se disputer, en quelque sorte, les habitations commodes dont on aura parsemé des possessions, que nous supposons acquises au centre de contrées, jusqu'ici répudiées et désertes, mais cependant peu éloignées, ou d'une route, ou d'un canal, et réunissant aux matériaux propres aux constructions les amendemens que le sol réclame. Il en existe plusieurs de ce genre qui n'attendent que des bras intelligens pour égaler presque en fécondité quelques-unes de celles qui sont les plus recherchées aujourd'hui.

Une amélioration en provoque une autre, et à mesure que la population s'accroît, une foule de ressources d'abord inaperçues s'offrent comme d'elles-mêmes, non-seulement pour ses besoins, mais pour ceux d'une population nouvelle, important avec elle son industrie. On peut arriver ainsi graduellement à sextupler, dépenses déduites, la valeur des fonds ruraux.

Nous avons dit que les récoltes de froment et de seigle suffisaient presque toujours à la consommation : on doit donc mettre au nombre des services que rendrait une association agricole riche de capitaux et de lumières

celui de désaccoutumer , par l'exemple qu'elle
donnerait dans ses possessions, les cultivateurs
de l'emploi (à leur usage) du sarrasin , du maïs
et de l'orge.

Ces farineux , ne concourant plus à la fabrication du pain que dans les cas très-rares de
pénurie , le prix du froment et du seigle serait
ramené et se soutiendrait habituellement au-
dessus de celui auquel il ne doit pas descendre,
dans l'intérêt bien entendu du producteur et
du consommateur. Les grains secondaires viendraient alors augmenter les ressources alimentaires , indispensables pour mieux nourrir les
bestiaux, et favoriser le perfectionnement dont
nous avons exposé la nécessité.

L'Angleterre consomme annuellement la
quantité énorme de quatre millions deux cent
cinquante mille quarters d'orge pour alimenter
ses nombreuses brasseries. La bière étant, en
quelque sorte, en France une boisson de fan-
taisie, la plus grande partie de l'orge qui s'y récolte pourrait être livrée aux animaux domestiques. Cette ressource suppléerait par-tout, et
particulièrement dans les localités sèches, à
l'insuffisance des pâturages et des prairies. Ainsi
de précieux avantages résulteraient de l'aban-
don d'une coutume qui ne devrait plus appar-
tenir qu'aux contrées où les produits du sol

sont, par l'âpreté indomptable du climat, restreints dans d'étroites limites.

Si la culture des céréales ne doit s'étendre qu'en raison de l'accroissement successif de la population, il est urgent, d'un autre côté, de comprendre immédiatement dans les spéculations agricoles, outre l'amélioration des bestiaux de boucherie et des produits divers que réclament le commerce et les fabriques, la multiplication des chevaux et le perfectionnement de leurs races.

Nous payons, tous les ans, à l'étranger une très-forte somme pour la remonte de nos régimens de cavalerie, et pour fournir d'attelages nos voitures de luxe, tandis que quelques années de soins persévérans nous affranchiraient de cet onéreux tribut ; mais on n'arrivera à cet important résultat que par un ensemble de vues et de moyens, réservés à une société imprimant à ses agens une direction uniforme et bien calculée.

Un des grands inconvéniens attachés à la condition presque solitaire du laboureur est de ne pouvoir s'entourer facilement des informations nécessaires pour régler ses travaux d'après les convenances particulières que chaque année fait naître tour-à-tour. Il suit un système immobile et non interrompu d'assolement, parce qu'il ignore ce qui se passe loin de lui, quel produit reste sans consommation , quel autre est avidement recherché. Tous les renseignemens qui l'intéressent , sous ce rapport, ont été jusqu'ici réservés au négociant. Des feuilles publiées sous le nom de *Prix courans* instruisent, jour par jour, celui-ci de tout ce qui peut contribuer à le diriger dans ses opérations. Celles de l'agriculture devraient aussi avoir leur régulateur ; car, pour être lucratives, il faut qu'elles se combinent sur les demandes du commerce et de l'industrie (1).

____

(1) J'ai rassemblé , dans l'espoir de rendre un service aux propriétaires et aux fermiers, les élémens d'une feuille des *Prix courans des produits de la culture et d'annonces rurales*. Aucun soin ne sera épargné pour la rendre d'une utilité incontestable.

Publiée sous ma direction , elle contiendra, outre le prix courant des productions du sol français divisé par régions ,

Un extrait des mercuriales des principaux marchés ;

L'annonce des procédés nouveaux , des inventions, des perfectionnemens, des prix proposés ou distribués, qu'il peut être important pour les cultivateurs de connaître ;

Des notions sur la valeur des bestiaux dans les foires le plus renommées ;

Sur l'apparence ou le résultat des récoltes tant en France que dans l'étranger ;

L'insertion (lorsqu'elle sera réclamée) des annonces

Une grande association profitera de cette ressource dans toute sa plénitude , par les

---

de ventes de propriétés rurales, ou des produits de la culture, de demandes de fermiers et de régisseurs , des offres de fonds à placer, etc.

Ces diverses insertions seront , d'ailleurs , rigoureusement restreintes aux objets qui intéressent directement les cultivateurs.

La publication des *Annonces rurales* aura lieu dès que les souscripteurs seront inscrits en nombre suffisant pour couvrir les frais qu'elle entraînera. C'est aux agriculteurs à juger par eux-mêmes des avantages qu'ils peuvent attendre d'un *régulateur de leurs opérations :* s'ils n'étaient pas d'avance démontrés pour eux , cette publication deviendrait superflue.

Pour mettre l'abonnement à la portée des moindres fortunes , son prix est fixé à six francs pour six mois et à dix francs pour l'année entière.

La feuille d'*Annonces rurales* paraîtra régulièrement le 1er. et le 15 de chaque mois.

On souscrit dès ce moment, pour Paris , chez Madame Huzard , imprimeur-libraire , rue de l'Éperon , et chez les libraires dénommés au titre de ce Mémoire ; et pour les départemens, chez MM. les directeurs des postes aux lettres.

Les souscripteurs seront prévenus par circulaire de l'époque de la publication de la feuille d'*Annonces rurales,* et ce n'est qu'alors qu'ils auront à payer le prix de leur abonnement.

7

moyens variés qu'elle aura de s'entourer d'informations utiles, et d'entretenir une active correspondance.

D'autres avantages lui sont encore assurés : ce n'est pas un des moindres que de pouvoir se modeler sur ce qui se pratique dans les maisons de commerce et dans les fabriques, pour régler, d'un côté, sa comptabilité et l'écoulement de ses produits, de l'autre, pour établir une division ingénieuse du travail et des cultures.

Une grande exploitation rurale peut être comparée à une vaste manufacture : dans l'une, on recueille la matière première ; dans l'autre, on la met en œuvre. L'ordre, l'économie, la discipline, la surveillance, l'emploi des agens de toute espèce peuvent y reposer sur les mêmes bases. C'est le seul moyen de simplifier et de coordonner toutes choses.

Il existe, cependant, une différence essentielle entre *la manufacture agricole* et celle où se travaillent les matières recueillies par le cultivateur. On peut calculer rigoureusement les produits de la seconde, et en obtenir constamment d'identiques par l'adoption de procédés invariables, tandis que rien n'est moins susceptible d'être réduit en système absolu que les opérations de la culture. Leurs résul-

tats se compensent, il est vrai , par le terme
moyen de plusieurs récoltes ; mais ils diffè-
rent souvent de l'une à l'autre.

Nous repousserons donc ces théories qui im-
posent des assolemens assujettis à une rotation
constante , ou qui proscrivent rigoureusement
les jachères.

Les modèles nombreux d'assolemens que les
agronomes ont préconisés sont à considérer
comme des exemples plus au moins ingénieux ,
dont le choix doit subir , chaque année et dans
chaque localité , des modifications.

Quant aux jachères , il est constant, en thèse
générale, que la terre peut fournir , sans intervalle, de nouveaux fruits lorsqu'on lui res-
titue ce qu'elle a perdu de ses principes fer-
tilisans.

Mais a-t-on bien calculé ce qu'il faudrait
de bras pour les supprimer complétement et
à toujours ? A-t-on supputé ce que l'on ferait
des produits obtenus sur vingt-trois millions
d'hectares constamment cultivés, et dont un
quart recevrait des plantes sarclées ? Sait-on
de quelles sommes s'augmenteraient les frais
de culture , et si la surabondance des approvisionnemens les solderait par-tout sans perte ?
N'a-t-on pas trop méconnu la nécessité de disposer, de loin à loin, de plusieurs saisons,

pour renouveler les labours de défoncement, et pour exposer successivement toutes les molécules de la terre à l'action divisante de l'air, du soleil, de la gelée, de la neige, de la pluie même, et détruire les semences des plantes nuisibles, qui, malgré les soins les plus assidus, finissent toujours par se multiplier?

On a compris, à la vérité, dans la culture perfectionnée ces assolemens à long terme, qui établissent une rotation très-lente, dans laquelle on fait entrer des sainfoins, des luzernes, des *ray-grass*, etc., retournés au bout de six ou sept ans; mais n'est-ce pas là une jachère aussi caractérisée que celle qui résulte de l'usage de laisser, comme dans le Holstein, dans le Mecklenbourg, et dans plusieurs cantons de la France, une partie des terres en pâturage? Aurait-on restreint l'application du mot jachère à *l'assolement triennal pur*, justement réprouvé, et dans lequel la terre, après avoir donné, pendant deux années, du blé, *se repose*, ou plutôt ne rapporte rien la troisième? Alors c'est le mot qui aurait été mal défini, mal expliqué.

On est, au reste, presque généralement convaincu, aujourd'hui, de l'inconvénient des propositions présentées impérieusement comme des axiomes. Les agriculteurs éclairés ne sont plus à reconnaître que, si le système d'assolement triennal a de grands inconvéniens, il n'y en a pas moins à s'enlever les moyens de multiplier les labours, et par conséquent à se refuser à interrompre, de temps en temps, la série des cultures.

Les livres sont là pour offrir des témoignages de ce qui a réussi, et pour éclairer la route, non pour la prescrire. Leurs conseils ne doivent jamais prévaloir sur les leçons de l'expérience ; elle devrait sur-tout être toujours consultée par une association qui, opérant sur des bases très-larges, ne pourrait errer sans s'exposer à de grandes pertes.

Ses succès seraient incontestables si, se bornant à employer le tiers de ses capitaux en acquisitions, elle consacrait successivement les deux autres à créer des villages ; à les peupler d'ouvriers laborieux, intelligens et de bonnes mœurs, choisis entre ceux dont le travail satisferait aux besoins des cultivateurs ; à opérer des défrichemens ou des améliorations bien conçues ; à récompenser des efforts bien dirigés, des succès remarquables ; à établir des embranchemens pour arriver commodément aux grandes routes, et si elle faisait toutes ces choses (ce qui n'est pas impossible), sans le concours de ces *états - majors* nombreux et d'ostentation, qui, souvent, ont absorbé la plus grande part des bénéfices des compagnies. Combien ont péri qui eussent prospéré si leur administration eût été moins fastueuse ! Le luxe qui multiplie les consommations ne peut être trop excité dans un État riche de territoire, de population et d'industrie ; mais celui qui s'attache à l'agent de la reproduction et le dévore devient une cause inévitable de désastres.

Nous ne prétendons pas que les bénéfices égaleraient, dès la première année, ceux qu'un autre emploi de capitaux procurerait ; ils se feraient, sans doute, attendre un peu : en seraient-ils, pour cela, moins assurés et moins recherchables ?

Un négociant qui fait construire un navire pour être employé à transporter des marchandises aux Indes, à la Chine, et spéculer en même temps sur des retours ; des capitalistes qui entreprennent d'élever d'immenses édifices, de fonder une manufacture, de creuser un canal, savent que l'intérêt de leur argent ne leur rentrera qu'à l'expiration de quelques années. Cette considération ne les arrête pas ; elle n'arrête pas non plus les actionnaires qui se disputent le partage des mêmes chances, et cependant elles sont soumises à des vicissitudes plus multipliées que celles qui me-

nacent l'acquéreur d'un fonds de terre. Les élémens de la spéculation des premiers sont ou pé-
rissables, ou sujets aux avaries ; les valeurs des
seconds se renouvellent, chaque année, entre
les mains du cultivateur habile ; elles s'accroissent et s'améliorent par l'usage, les habitations
exceptées : aussi la sûreté du gage a-t-elle fait
préférer de tout temps, à produit égal, la propriété foncière à celle d'une maison, d'une fa-
brique, ou d'un effet public négociable à cours
incertain.

Pourrait-on hésiter dans le choix, lorsqu'à
la sécurité attachée à la propriété se joindra
l'appât de la spéculation ? Car, l'une s'adjoin-
drait à l'autre, dans les transactions d'une compagnie qui choisirait, pour les féconder et y
appeler une population industrieuse, les parties de la France encore incultes ou négligées,
mais placées cependant favorablement pour des
améliorations lucratives.

Nous dirons donc au spéculateur : continuez
des opérations plus ou moins hasardeuses,
puisqu'elles entretiennent ces émotions vives,
ces alternatives d'illusions et de craintes, sans
lesquelles vous ne pouvez vivre ; mais songez
à vos enfans ; consacrez, dans leur intérêt, une
partie de vos gains à des acquisitions territoriales ; elles seront, pour vous comme pour

eux, le port dans le naufrage, si vos espérances viennent à être déçues. Après avoir été battu par l'orage, vous sentirez mieux le prix d'une vie calme et retirée, et vous vous féliciterez de votre prévoyance.

Nous dirons à celui qui a mis toute sa fortune en rentes : leur intérêt peut être réduit ; leur capital est exposé à des altérations ; il s'affaiblira entre vos mains, ou du moins il ne suivra pas la progression croissante des autres valeurs négociables. Avec les cent mille francs inscrits en votre nom sur le grand-livre, vous n'obtiendrez plus dans un demi-siècle que la moitié de ce que vous pourriez acquérir aujourd'hui ; vous vous appauvrissez tous les jours sans vous en douter. Échangez une partie de vos rentes contre des immeubles indestructibles, vous créerez ainsi, à votre profit, une caisse *de réserve*, qui s'accroîtra dans la proportion de l'avilissement de la valeur du capital de vos rentes.

Nous montrerons enfin à tous ceux dont le cœur bat plus vite à l'idée du bonheur de la patrie le monde placé dans une de ces situations rares qui changent le commerce, les relations et les habitudes ; les colonies des deux hémisphères prêtes à défendre ou à proclamer leur indépendance, malgré la lutte d'une vieille politique, qui peut ralentir, mais non comprimer entièrement une force répulsive toujours agissante ; presque toutes les nations européennes se repliant sur elles-mêmes et cherchant dans leur sein les élémens de leur future opulence. S'ils savent mettre à profit ce grand mouvement, ils ne demanderont pas en vain à la terre des fruits plus variés et plus beaux, à l'industrie plus de merveilles.

Les recherches qui ont été faites, lors du projet de remboursement des rentes, ont prouvé qu'elles appartenaient, en majeure partie, aux habitans de la capitale. Les inconvéniens attachés à ce genre de placement, les pertes qu'ils ont éprouvées à plusieurs époques, ne les en ont pas dégoûtés, parce qu'ils ne connaissent aucun emploi plus commode de leurs capitaux ; leur gage est placé en quelque sorte sous leur main ; ils peuvent disposer de leurs fonds tous les jours et à toute heure, c'est là le point important pour eux : aussi lorsqu'ils veulent acheter des terres, les cherchent-ils dans les départemens qui les avoisinent. Ce choix se conçoit facilement : prendre tous les embarras d'une gestion dont l'objet est éloigné et ne peut être facilement surveillé les sortirait du cercle de leurs habitudes. Quand on achète un fonds de terre, il faut, à la vérité, remplir des formalités gé-

nantes; procéder à des inventaires, à des con-
frontations; traiter avec des fermiers, des régisseurs; poursuivre la rentrée des revenus;
en consommer une partie en réparations ;
éprouver des non-valeurs; se charger en un
mot d'une foule de soins insupportables pour
celui qui, ne désirant pas quitter la ville, est
privé des ressources et des agrémens attachés
au séjour de la campagne.

Mais s'il devenait aussi facile d'employer ses
capitaux en terres qu'en rentes; si à la garantie morale offerte seule aux preneurs de celles-
ci se joignait la sûreté d'un gage matériel, in-
déplaçable ; s'il existait, pour la propriété
comme pour la rente, un livre où s'inscrirait
le titre de participation; si les cessions ou les
mutations se constataient par un simple trans-
fert; si enfin l'action délivrée et le coupon d'action pouvaient se négocier comme des inscriptions, on doit croire qu'alors il se manifes-
terait de l'empressement à prendre part à un
placement qui donnerait l'espoir d'un accroissement de capital, et ne laisserait aucune crainte
sur sa diminution.

Peu importerait aussi aux intéressés que les
immeubles acquis fussent plus ou moins éloi-
gnés de leur résidence, pourvu que les revire-
remens s'opérassent sans peine. Ils jouiraient,

avec une garantie de plus, des priviléges réservés jusqu'ici aux rentiers.

Tels seraient les avantages inappréciables attachés à l'existence de grandes associations agricoles, que nous supposons organisées de manière à admettre concurremment l'intervention
du petit rentier et du riche capitaliste.

Il n'existerait peut-être pas de moyen plus
naturel d'arriver à empêcher le trop grand
morcellement des propriétés. Si on demandait
pourquoi la plainte à cet égard est devenue si
vive, on aurait peut-être à répondre qu'elle
est provoquée par cette prévision, qui aver-
tit les partis des prétextes plausibles qu'ils
ont à faire valoir pour arriver à un but souvent mal déguisé. En réalité, la subdivision a
été moindre qu'on ne serait autorisé à l'affir-
mer au premier aperçu. Celle qui s'est faite
depuis la vente des biens appelés nationaux
prend sa source dans un sentiment d'attache-
ment à son héritage et en même temps de
défiance, qui distingue le paysan : des champs
qui pouvaient échoir sans partage à un des
héritiers ont été divisés, parce qu'ils préten-
daient qu'une portion avait plus de valeur que
l'autre, ou qu'elle était de nature à leur donner des produits différens : chacun d'eux veut
avoir sa part des vignes, des chenevières, des

jardins, des maisons même, pour, disent-ils, obtenir la plus grande égalité des lots.

Les ventes par détail ont peu contribué, excepté dans le voisinage des villes, au morcellement dont on s'afflige avec raison; plus d'une fois même elles ont favorisé des réunions aussi utiles aux propriétaires que désirées par eux.

Le moyen de remédier à la trop grande subdivision que l'intérêt des héritiers provoque a été souvent cherché. M. Garnier Deschênes a, en particulier, traité la question avec talent dans plusieurs mémoires que la Société royale d'agriculture a recueillis. Son travail n'a que mieux confirmé la difficulté de l'entreprise; il y a des inconvéniens qui sont insurmontables par le secours des lois, ou que, du moins, dans leur langage précis, elles ne peuvent tous énumérer et atteindre. Comment déterminer le point où devrait s'arrêter la subdivision? Car nous ne supposons pas qu'on ait sérieusement l'intention de rétablir le droit d'aînesse; le remède serait pire que le mal.

Un champ considéré comme une simple parcelle dans certains cantons passera ailleurs pour une grande pièce. Que de classifications à faire pour déterminer à quel point sa division devra s'arrêter, soit dans la banlieue des villes, soit à la proximité des simples villages, soit

enfin loin des habitations, et pour la régler d'a-
près la culture particulière à chaque arrondissement, à chaque commune?

Assimilerez-vous la possession dans l'ancienne châtellenie de Lille à celle dans la Beauce
ou le Poitou? le maraîcher des environs de
Paris qui fait vivre sa famille sur un quart d'ar-
pent au petit cultivateur qui, dans la Sologne
ou les Landes, retire à peine sa subsistance des
deux hectares qu'il cultive? le propriétaire du
sommet glacé des montagnes d'Auvergne à
l'heureux possesseur d'un petit coin de terre de
la riche Limagne? Cependant, dans ce dernier
exemple, les héritages de l'un et de l'autre se
touchent.

Ce qui est en quelque sorte au-dessus du
pouvoir de la loi s'obtient par la force même
des choses, qui fait qu'à côté de l'homme laborieux et économe se trouvent le dissipateur
et le paresseux, dont les héritages se trans-
mettent au premier en échange de ses économies. L'inégalité des fortunes territoriales étant,
comme celle de toute autre espèce, un résultat
obligé des passions diverses qui nous maîtri-
sent, ou des talens qui nous distinguent, le
gouvernement peut, en facilitant les mutations
et les échanges ; en accordant une réduction des
droits de succession lorsqu'il ne serait fait au-

cune subdivision des pièces de terre, et une plus forte encore lorsqu'une petite propriété rurale passerait à un seul héritier (sans lésion de l'intérêt des autres), arrêter les progrès du mal et même atteindre une situation meilleure, impossible à obtenir par des moyens coercitifs.

Si son action pouvait s'étendre plus loin, ce serait à la faveur des changemens qu'apporterait au mode de possession la création des associations agricoles, dans lesquelles la participation et la solidarité des actionnaires s'établiraient sur la valeur du gage fourni.

Ne pourrait-on pas, en effet, être inscrit parmi eux, en offrant de mettre sa propriété à la disposition commune des sociétaires, pour un prix déterminé, payable en actions? Ceux qui ne voudraient pas être chargés des embarras d'une gestion stipuleraient des contrats de cette nature. Il arriverait donc successivement que beaucoup de parcelles se joindraient à la masse des immeubles régis au compte commun des actionnaires. Lorsque ces concessions paraîtraient offrir des avantages, il serait aisé au gouvernement de les provoquer. Cette idée, qui a, sans doute, besoin d'être développée et mûrie, pourrait conduire à la solution de la question.

Des moyens d'organiser les associations agri-
coles.

Les différences existant dans les positions de fortune de ceux qui peuvent concourir à des associations influent nécessairement sur le mode de leur organisation et sur la distribution des capitaux qu'on y consacre.

Les grands capitalistes préfèrent, en général, porter leurs spéculations sur un objet spécial et bien déterminé; ils aiment à se rendre entièrement maîtres de l'opération qu'ils se décident à entreprendre. Comme ils se réunissent en petit nombre pour *faire les fonds*, ils s'en réservent le classement.

Leur but est de rentrer le plus promptement possible dans leurs avances, et d'abandonner les risques à ceux entre lesquels les actions se répartissent. S'ils conservent un intérêt dans des entreprises, il s'établit uniquement sur une portion des bénéfices réalisés; leurs capitaux recouvrés reçoivent un autre emploi. Nous n'avons point à nous occuper de ce genre d'affaires, dont le succès se détermine par le degré de confiance qu'inspirent ceux qui s'y adonnent.

Dans les associations que nous avons particulièrement en vue, le capital doit se former de la masse des souscriptions individuelles, faites sans l'intermédiaire des grands capitalistes. Chaque actionnaire y participe immédiatement, en proportion de sa mise, à tous les bénéfices qui viennent grossir le capital employé. Elles doivent donc être le partage de ceux qui n'ont pas des sommes considérables à leur disposition.

Ces associations peuvent se subdiviser en deux classes.

Nous comprenons dans la première celles qui, rejetant rigoureusement toutes les chances incertaines, conviennent spécialement à celui qui ne doit rien abandonner au hasard : circonscrites dans des bornes étroites, elles sont les moins lucratives; toutefois elles peuvent être encore avantageuses, si les actionnaires consentent à réserver momentanément une partie du produit pour des améliorations. Il serait alors possible d'arriver, par des acquisitions faites avec discernement, à doubler la valeur du capital de l'association, et à répartir entre les actionnaires un dividende qui leur procurerait un intérêt élevé de leur première mise. Si, au contraire, aucune réserve ne s'opérait sur le produit annuel des premières années, on n'aurait pas, nous croyons en avoir fourni la démonstration, de craintes à concevoir sur la diminution de la valeur du fonds; mais on serait contraint, tôt ou tard, d'en venir à des appels

sur le revenu annuel pour faire face aux réparations et même aux reconstructions successives des bâtimens ruraux ; ce serait donc un
très-faux calcul que de ne pas commencer par
quelques sacrifices.

On conçoit que pour organiser sur ces bases
une association agricole, il faudrait s'astreindre
à n'acquérir que des propriétés dont le produit,
établi par des baux authentiques, serait à l'abri
de toute réduction.

La seconde classe d'association laissant, au
contraire, une certaine latitude aux spéculations, convient mieux à ceux dont le revenu est
déjà proportionné à leurs besoins et qui ne livrent que leur superflu : en ce sens, on a dit
avec raison que le premier écu était plus difficile
à gagner que le second million.

Lorsqu'une partie seulement des capitaux
disponibles est employée en acquisitions, et
qu'une autre s'applique aux dépenses relatives à
des défrichemens, à des constructions de bâtimens ruraux ou à des établissemens industriels,
les profits se règlent sur le plus ou le moins
d'intelligence dans le choix et dans la direction des entreprises. Quelque chose est, si
l'on veut, confié au hasard ; mais tout n'est pas
aventureux dans ces spéculations, et lorsque,
dans la balance, la chance des succès l'emporte,

celui qui vise plutôt à accroître ses capitaux que ses revenus peut intervenir avec assurance.

Qu'une grande terre produisant net cinquante mille francs, soit payée douze cent mille, si, par une dépense extraordinaire de cent mille écus, son revenu peut être doublé, les actionnaires seront évidemment excités à se contenter, pendant quelques années, d'un faible intérêt pour arriver à en retirer un de sept et demi ; ils se trouveront amplement dédommagés de leur léger sacrifice par le profit durable qu'il leur procurera. Nous avons dit que la valeur des terres différait de près des neuf dixièmes d'un département à un autre, ainsi notre supposition n'est pas exagérée ; il arriverait même indubitablement que, dans beaucoup de cas, le bénéfice s'élèverait au-dessus de la supputation que nous venons de prendre pour exemple.

C'est par de telles associations que s'opéreraient successivement les différentes améliorations dont nous avons cherché à faire entrevoir la convenance et la possibilité. On parviendrait, par leur moyen, à améliorer le sort des orphelins, des enfans trouvés, ainsi que d'un grand nombre d'hommes industrieux tombés dans la détresse. Elles viendraient, sous ce rapport, au secours du gouvernement, intéressé, dès-lors, à leur accorder sa protection.

Nous ne développerons pas ici le mécanisme de ces associations ; leur organisation est nécessairement subordonnée à des modifications déterminées par l'importance et l'étendue de leurs opérations. Il appartient d'ailleurs aux intéressés eux-mêmes de la régler (1).

---

(1) Comme il faut cependant que quelqu'un se détermine à prendre l'initiative, si les considérations que *nous* avons présentées et une assez longue expérience acquise pouvaient nous mériter quelque confiance, nous offririons de préparer les élémens des délibérations des actionnaires qui se réuniraient à nous pour former le noyau des associations dont nous proposons la création.

Dans ce cas, nous ouvririons la liste des souscripteurs, par notre engagement de consacrer la valeur de quelques actions à celle de la première espèce, sous la dénomination de *Société pour l'amélioration de l'agriculture par économie* (des souscriptions ne seraient pas admises au-dessous de mille francs), et une plus forte somme à celle à laquelle nous donnerons le nom de *Compagnie agricole*, cette dernière devant employer une partie de ses capitaux à des améliorations immédiates.

Les personnes à qui il pourrait convenir de prendre part à l'une ou à l'autre voudront bien nous adresser, mais seulement *par écrit et franc de port, rue Saint-Dominique*, n°. 71, la déclaration de leurs intentions. Si le nombre des souscripteurs et la quotité des souscriptions laissaient entrevoir la possibilité d'une organisation, nous les convoquerions ultérieurement pour aviser

L'agriculture de la France (nous l'avons exposé) est loin d'avoir atteint le degré de perfection auquel elle peut prétendre : entre les causes qui en arrêtent le progrès, nous rappellerons :

L'excessive disproportion de la valeur des terres ;

La surabondance ou l'emploi peu judicieux et mal réparti des récoltes de céréales ;

La trop courte durée des baux ;

Le mauvais état des constructions rurales et des chemins ;

L'insuffisance des bestiaux.

Pour remédier au mal, il est nécessaire que le gouvernement concoure à l'introduction des améliorations que nous avons indiquées.

Son action particulière sera bienfaisante, s'il protège sans acception d'opinions, ni de position sociale ; si son administration est mesurée,

---

avec eux aux moyens de donner, sous l'autorisation préalable du gouvernement, une existence légale et définitive à ces associations, qui auraient la plus heureuse influence sur notre prospérité agricole.

Nous recevrons d'ailleurs avec reconnaissance les propositions et les observations qui se rattacheraient à notre but, ou qui pourraient y conduire plus sûrement que celles que nous avons hasardé de soumettre au jugement public

sage et paternelle ; si, en maintenant la centralisation indispensable pour conserver à l'état
son nerf, sa considération et sa prospérité, il
accorde aux départemens, non de vieilles cou-
tumes et d'anciens priviléges, mais des conseils
généraux choisis directement par les assemblées
électorales, et délibérant *seulement* sur leurs
intérêts locaux bien définis et rigoureusement
déterminés par une loi; si cette loi s'attache
sur-tout à réprimer la tendance funeste vers le
fédéralisme, qui a son origine dans l'espérance
que nourrissent quelques ambitieux oligarques,
de pouvoir, en s'arrogeant la direction presque souveraine des départemens ; se rendre à-
la-fois redoutables aux administrés et plus in-
dépendans de la couronne. De là au gouvernement féodal, il n'y aurait plus qu'un pas. Comme
le danger ne serait pas moins grand pour le trône
que pour les libertés publiques, on doit espérer
qu'il sera prévenu.

D'un autre côté, l'adoption des bonnes méthodes de culture et tous les avantages qui en
dérivent ne peuvent devenir efficaces (notre
conviction à cet égard est intime) que lorsque
de grandes associations agricoles étendront en
tous lieux leur active influence.

Il se pourrait que le bonheur de faire ressortir l'importance de ces résultats, et adopter les

moyens de les atteindre, fût réservé à une plume plus éloquente et plus persuasive; mais nous aurons encore à nous applaudir d'avoir hasardé de publier nos observations, si elles contribuent à conduire au but que nous nous sommes proposé, l'accroissement de la prospérité de notre belle France.

ERRATA.

Page 26, ligne 20, *au lieu de* : ce qui fait par chaque mille carré d'Angleterre, ou, pour un hectare quarante-huit ares et demi, cent soixante-quinze individus, terme moyen ; *lisez* : ce qui fait un individu pour un hectare 48 $\frac{1}{2}$, ou cent soixante quinze par chaque mille carré d'Angleterre.

Page 42, ligne 17, son attention, *lisez* : leur attention.

OUVRAGES NOUVEAUX

Qui se trouvent chez Mme. Huzard, libraire.

~~~~~~~~~~~~~~~~~~

ANNALES agricoles de Roville, ou Mélanges d'agriculture, d'économie rurale et de législation agricole; par *C.-J.-A. Mathieu de Dombasle,* directeur de l'établissement agricole exemplaire de Roville. Paris, 1824. In-8°. Prix : 6 fr., et 7 fr. 50 cent. franc de port.

ÉDUCATION (de l') des vers à soie, d'après la méthode du comte *Dandolo,* par M. *Matthieu Bonafous,* deuxième édition. Paris, 1824, in-8°., fig. Prix : 3 fr. 50 c., et 4 fr. franc de port.

MANUEL théorique et pratique du jardinier, contenant, dans un nouvel ordre, la description, l'usage, les propriétés des légumes et des arbres à fruit de toute espèce, etc., etc.; ouvrage orné de planches, dédié à M. *Thouin,* professeur de culture au Muséum d'histoire naturelle de Paris, par *C. Bailly,* son élève. Paris, 1824, 2 vol. in-18. Prix : 5 fr., et 6 fr. 50 c. franc de port.

NOUVEAU TRAITÉ sur la laine et sur les moutons; par MM. le vicomte *Perrault de Jotemps, Fabry* fils et *F. Girod* (de l'Ain), tous trois copropriétaires du troupeau de Naz. Paris, 1824, 1 vol. in-8°. Prix : 4 fr., et 5 fr. franc de port.

OBSERVATIONS sur la nomenclature et le classement des roses, suivies du catalogue de celles cultivées; par M. *J.-P. Vibert,* à Chenevières-sur-Marne. Paris, 1824. In-8°. Prix : 1 fr. 50 c., et 1 fr. 75 c. franc de port.

RECHERCHES sur les différentes races de bêtes à laine de la Grande-Bretagne, et particulièrement sur la nouvelle race du Leicestershire; par M. le baron de *Mortemart-Boisse.* Paris, 1824, in-8°., fig. Prix : 1 fr. 25 c., et 1 fr. 50 c. franc de port.

MANUEL théorique et pratique du vigneron français, ou l'Art de cultiver la vigne, de faire les vins, les eaux-de-vie et vinaigres; par M. *Thiébaud de Berneaud,* orné de figures. Paris, 1824, in-18. Prix : 3 fr., et 3 fr. 60 c. franc de port.
~~~~~~~~~~~~~~~~~~

ANTOLOGIA, giornale di scienze, lettere e arti, anno IV. Firenze, 1824. Prix : 36 fr., et 42 fr. franc de port. (Les numéros de janvier, février et mars ont paru.)

L'AMI de la nature, ou Choix d'observations sur divers objets de la nature et de l'art, etc. ; par G. *Toscan*. Paris, an VIII, in-8°., fig. Prix : 3 fr., et 4 fr. franc de port.

(Dans cet ouvrage se trouve l'histoire du lion de la ménagerie du Muséum d'histoire naturelle et de son chien.)

MÉMOIRE sur le houblon, sa culture en France, son analyse, etc.; par MM. *Payen* et *Chevallier*. Deuxième édition. Paris, 1823, in-8°. Prix : 1 fr. 50 c., et 1 fr. 75 c. franc de port.

ESSAI sur l'état actuel de l'agriculture dans le Jura, des améliorations qu'elle a reçues depuis trente ans, et celles dont elle paraît encore susceptible; par *S. Guyétan*. Lons-le-Saulnier, 1822, in-8°., avec carte coloriée. Prix : 7 fr., et 8 fr. 50 c. franc de port.

NOTICE sur les chèvres asiatiques à duvet de cachemire, et sur un premier essai tenté pour augmenter leur duvet et lui donner des qualités nouvelles, etc.; par M. *Polonceau*. Versailles, 1824. Prix : 2 fr. 50 cent., et 2 fr. 75 cent. franc de port.

SUR LA FABRICATION du muriate de chaux, considéré comme engrais; par M. *C. Pajot des Charmes*, Paris, 1824. In-8°. Prix : 1 fr., et 1 fr. 15 cent. franc de port.

PRINCIPES sur la culture de la vigne en cordons, sur la conduite des treilles et la manière de faire le vin; par *un propriétaire*. Chatillon-sur-Seine, 1822. In-8°., fig. Prix : 1 fr. 25 cent., et 1 fr. 50 cent. franc de port.

COMPTABILITÉ (de la) dans une entreprise industrielle, et spécialement dans une exploitation rurale; par *L.-F.-G. de Cazaux*. Toulouse, 1824, in-8°. Prix : 50 c., et 65 c. franc de port.

Sous presse, pour paraître fin de juillet 1824.

CALENDRIER du bon cultivateur, ou Manuel de l'agriculteur praticien; par *C.-J.-A. Mathieu de Dombasle*. Deuxième édition, in-12.